Siegfried Haider
Ausverkauft!

SIEGFRIED HAIDER

Ausverkauft!

Marketing kann so einfach sein

GABAL

Bibliografische Information der Deutschen Nationalbibliothek

Die Deutsche Nationalbibliothek verzeichnet diese Publikation
in der Deutschen Nationalbibliografie; detaillierte bibliografische
Daten sind im Internet über http://dnb.d-nb.de abrufbar.

ISBN 978-3-86936-232-8

Lektorat: Anke Schild, Hamburg
Umschlaggestaltung: Martin Zech Design, Bremen | www.martinzech.de
Satz und Layout: Das Herstellungsbüro, Hamburg | www.buch-herstellungsbuero.de
Druck und Bindung: Salzland Druck, Staßfurt

www.gabal-verlag.de
www.twitter.com/gabalbuecher
www.facebook.com/Gabalbuecher

Inhalt

Danksagung 8

Bevor es losgeht 9

1. Die einfache Formel für erstaunliche Erfolge 11

2. Die einfache Denke der erfolgreichsten Unternehmer 18

Das Warren-Buffett-Prinzip: Von Milliardären lernen **18**

Warum im Marketing oft zu kompliziert gedacht wird **23**

Kein Kunde kauft »Produkte« oder »Dienstleistungen«! **26**

Warum Kunden wirklich kaufen **32**

Ente oder Ei? **34**

3. Einfach geniale Angebote entwickeln 37

Die Geheimnisse weltweiter Topseller **37**

Was macht ein Angebot »sexy«? **43**

Das Walt-Disney-Prinzip: Coole Ideen entwickeln **45**

Kleine Erlebnisse mit großer Wirkung: Emotional Selling **60**

4. Einfach unwiderstehlich: Beste Kundenkommunikation 73

Flirtschule: Lernen Sie von Marketingprofis **74**

Kurzpräsentation: Das MBA-Modell **77**

Auftreten: Platinum-Regeln der Selbstdarstellung **79**

Werbemittel: Weniger ist mehr **84**

Sprache: Je einfacher, desto besser **89**

5. Einfach effektiv: Marketingturbos 94

One-to-one- als Basis für One-to-many-Marketing **94**

Multiplikatorenmarketing vor Massenmarketing **96**

Offlinemarketing als Basis für Onlinemarketing **99**

6. Einfach loslegen: Ihre 4e-Marketingstrategie 102
Ihr Bierdeckel-Businessplan: Die ZIELPULS-Formel **103**
Neue Kunden gewinnen – sich positionieren **126**
Netzwerkmarketing **129**
Kooperationsmarketing **136**
Eventmarketing **143**
Onlinemarketing **159**
Presse-Beziehungs-Management (PRM) **171**
Direktmarketing **174**
Kunden-Beziehungs-Management (CRM) **177**
Empfehlungsmarketing **183**

7. Fazit: 4e-Marketing – einfach, einzigartig, emotional, effizient 192

ANHANG
Basis-Checkliste für Eventmarketing **197**
Literaturempfehlungen **209**
Register **211**
Über den Autor **215**

Ich, ________________________________ , halte hier meinen einfachen Fahrplan zu erfolgreichem Marketing für volle Auftragsbücher, mehr Umsatz und Gewinn in den Händen.

Ich verpflichte mich, auf den Notizseiten am Ende des Buches zehn bis zwölf Maßnahmen festzulegen und zu priorisieren. Dies werde ich in den nächsten sechs Monaten schrittweise in meinem Marketing umsetzen.

__________ Datum

____________________ Unterschrift

Danksagung

Für meine Frau Claudia, mein größtes Lebensglück und meinen besten Coach, und für meine Kinder Anja und Sophia, die mir so viel Freude machen und hoffentlich später viele Tipps aus diesem Buch für ihren eigenen Erfolg – ob als Angestellte oder als Unternehmerinnen – umsetzen können: Euch ist dieses Buch gewidmet.

Danken möchte ich auch meinen Kunden, Lieferanten, Netzwerk- und Kooperationspartnern, die mir in den schönen Jahren meiner Selbstständigkeit und in der Zeit des Aufbaus der German Speakers Association stets Vertrauen geschenkt haben und schenken: zu beidseitigem Nutzen.

Bevor es losgeht

Dieses Buch habe ich verfasst, um den vielen Unternehmern[1] und Marketing-Verantwortlichen zu zeigen, dass Marketing einfach sein kann. Und dass gerade einfaches Marketing besonders erfolgreich sein kann.

Angesprochen sind insbesondere die (selbstständigen) Experten und Dienstleister, die sich selbst positionieren und vermarkten dürfen. Aber auch Vertriebs- und Marketingverantwortliche aus mittleren bis großen Unternehmen werden hier zahlreiche Anregungen finden, ihr Marketing einfacher und damit erfolgreicher zu gestalten. Unabhängig davon, ob sie Toilettenpapier oder Kraftwerke vermarkten.

Grundsätzlich gibt es immer mehr Möglichkeiten, Marketing zu betreiben. Das aber führt oftmals dazu, dass eine vernünftige Auswahl für den eigenen Marketingmix kaum mehr machbar erscheint. Gerade die neuen Online-Tools im Social-Media-Bereich vermitteln vielen Menschen das Gefühl, nicht mehr Schritt halten zu können. »Wo soll ich denn noch überall mitmachen und kommunizieren?« – diese verzweifelte Frage höre ich allenthalben. Wir verlieren in den vielfältigen Möglichkeiten zu oft unser Ziel aus den Augen, verzetteln uns. Dann aber funktioniert Marketing nicht, macht keinen Spaß und wird vielleicht sogar vernachlässigt. Angesichts des Überangebots an Möglichkeiten gibt es nur eine »Rettung«: Wir müssen uns wieder auf die Kerneigenschaften erfolgreicher Menschen konzentrieren: 1. Ziele setzen, 2. Prioritäten setzen und 3. Konsequenz und Disziplin zeigen.

Vieles von dem, was in Marketingköpfen an komplexen Systemen und Methoden entwickelt wurde und wird, ist nicht nötig. Die Lösung liegt daher in der Konzentration auf das Wesentliche, auf das, was am Markt am einfachsten und schnellsten Ergebnisse bei kleinen

1 Um der guten Lesbarkeit willen verzichte ich auf die explizite Nennung der weiblichen Formen. Selbstverständlich sind aber hier auch die Unternehmerinnen gemeint – ebenso wie im weiteren Text stets auch die Speakerinnen, die Trainerinnen, die Marketingexpertinnen etc.

Budgets liefert, gepaart mit der richtigen unternehmerischen, marketingbezogenen Denke. In einer sich immer schneller drehenden Welt ist Entschleunigung ratsam. Wenn Sie also Ihr Marketing optimieren möchten, machen Sie insgesamt weniger, dabei das Richtige und alles einfacher. Dieses Buch will Ihnen dabei helfen. Film ab …

Das Buch ist so aufgebaut, dass ich Ihnen in den ersten beiden Kapiteln vorbildliches unternehmerisches Handeln und Marketingerfolge präsentiere. Dabei wird schnell deutlich, dass diese Personen keine Magier sind, sondern eine einfache Unternehmer- und Marketingdenke praktizieren, um bei den täglichen Entscheidungen jeweils die richtige zu treffen. Diese Philosophie und Denke im Marketing, gekoppelt mit der Frage, wann Kunden eigentlich kaufen, ist der erste entscheidende Faktor für Ihren Marketingerfolg.

Im dritten, vierten und fünften Kapitel befassen wir uns mit Ihrem Produkt- und Dienstleistungsangebot und legen einen Schwerpunkt auf das Thema Innovation. Attraktive Produktkonzepte sind der zweite entscheidende Faktor für Ihren Marketingerfolg, bedürfen aber vor allem zu Beginn einer professionellen Vermarktung und später einer kontinuierlichen, zielgruppengerechten Kommunikation. Sie erfahren hier, was im Bereich Kommunikation funktioniert und was nicht.

Im sechsten Kapitel erarbeiten wir gemeinsam den dritten entscheidenden Erfolgsfaktor, Ihre 4e-Marketingstrategie in Form des Bierdeckel-Businessplans und Ihre individuelle Vermarktungs- und Positionierungsstrategie nach dem Konzept: **e**infach, **e**inzigartig, **e**motional, **e**ffizient. Nutzen Sie dieses Angebot an praxiserprobten Möglichkeiten, damit Sie bald »Ausverkauft« oder »Ausgebucht« sagen dürfen und somit die Möglichkeit haben, die Preise zu erhöhen, Ihr Unternehmen auszubauen und noch mehr Erfolg zu erreichen.

Sie werden beim Lesen viele Ideen für einfaches Marketing bekommen. Halten Sie auf den Notizseiten am Ende des Buches die Maßnahmen fest, die Sie umsetzen möchten. Nur was Sie mit sich fest vereinbaren und niederschreiben, hat große Chancen, Realität zu werden.

1. Die einfache Formel für erstaunliche Erfolge

Beispiel

»Nehmen Sie ein Blatt Papier zur Hand und schreiben Sie auf!« – Kurz bevor diese Anweisung an die Seminarteilnehmer gerichtet wird, steigt eine kleine, eher rundliche, grauhaarige Frau auf die Bühne. Dem Typus Geschäftsfrau entspricht sie äußerlich nicht unbedingt. Im Publikum sitzen gut gekleidete Damen und Herren aus Management und Business, auf der Bühne steht eine bunt leuchtende Frau mit zerknittertem Flatter-T-Shirt und hautengen, farbigen Leggings. Es ist Vera F. Birkenbihl, die bekannte Managementtrainerin, und sie hat wieder die Halle gefüllt.

Frau Birkenbihl war es, die auch mich 1992 in das Holiday Inn in der Münchner Effnerstraße gezogen hat, damals noch als junger Student, der sich das Seminar gar nicht leisten konnte. Daher hatte ich mich beim Veranstalter um die Mithilfe am Büchertisch beworben, um auch am Seminar teilnehmen zu können. Und den Korb mit ihren Utensilien durfte ich auch tragen.

Was hat diese Frau so Anziehendes? Warum ist sie als Expertin so begehrt und berühmt? Damals habe ich es nicht gewusst, sondern nur gefühlt: Wenn ich herzhaft lachte, wenn sie mir ein »Aha« entlockte, wenn sie mir ein schlechtes Gewissen bescherte oder mich mit ihren Lösungen begeisterte und motivierte. Vera F. Birkenbihl ist schrill, anders, positiv verrückt, dennoch sympathisch und im Thema kompetent und führend. Vielleicht kommt bei dem ein oder anderen noch ein wenig der »Mama«-Effekt hinzu: Sie bietet ihre starke Schulter an, an die man sich als Teilnehmer anlehnen darf.

Sie war ein bunt verpacktes Geschenk für jede Lebenssituation. Der moderne Kirchenersatz, der Orientierung gab: einfach und verständlich. Sie war genial, eine wandelnde Bibliothek, das »Orakel aus Odelzhausen« mit Antworten auf jede Frage. Kurzum: Sie war insgesamt ein besonderes »Produkt«.

Und warum wurde sie damals so häufig und hochpreisig gebucht? Weil sie drei Elemente verband, die jeder Veranstalter von Wissensevents zu schätzen weiß:

1. Sie bietet Know-how mit großem Nutzen (= Weiterbildung).
2. Sie ist bekannt in der Zielgruppe (= Anziehungskraft).
3. Sie ist Expertin im »Wie« der Wissensvermittlung (= Verständlichkeit und Begeisterungspotenzial).

Ist Frau Birkenbihl insofern ein Exempel, wie Sie sich oder Ihre Produkte und Dienstleistungen vermarkten sollten? Ja, aber nicht uneingeschränkt – denn Frau Birkenbihl passt nicht für jeden Anlass.

Beispiel

Einer der nächsten Experten, die ich live erleben durfte, war Professor Samy Molcho, *der* Körpersprache-Spezialist. Ich weiß noch, wie ich im Publikum saß und diesen starren Blick auf die Bühne hatte, weil ich nicht glauben konnte, was ich sah: einen grauhaarigen Mann im fortgeschrittenen Alter, der dieses mit seiner Art des Auftretens allerdings vergessen machte. Später fand ich die passenden Worte dafür: Der Mann hat eine Aura. Diese Stimmigkeit zwischen dem, was er sagte, und dem, was der Körper ausdrückte, war unglaublich. Ohne irgendein Hilfsmittel. »So möchte ich reden, wirken, handeln …«, dachte vermutlich jeder im Saal. »Mit diesem Thema muss ich mich weiter befassen, wenn ich erfolgreich sein will!«, dachten vermutlich auch viele. Und Samy Molcho war nicht nur auf der Bühne beeindruckend, sondern auch im persönlichen Gespräch. Als mich meine Frau mit meiner damals gut einjährigen Tochter Sophia bei einem Molcho-Seminar besuchte, nahm Samy Sophia in einer Seminarpause auf den Arm, und die beiden zeigten, was Körpersprache live bedeutet (Sophia konnte kaum ein Wort sprechen): Sophia nahm Samys Brillenetui aus der Brusttasche, machte das Etui auf, dann wieder zu, steckte es zurück und so ging das viele Male. Sophia war mit Samy ohne einen verbalen Laut »connected«, nichts schien die beiden zu stören, während Hunderte von Leuten lärmten und viele mit Samy sprechen wollten. Als ich Samy von Sophia »befreien« wollte, lehnte er dies ab: »Sophia hat noch nicht signalisiert, dass sie fertig ist!« Die beiden hatten nach wie vor kein Wort ausgetauscht – es lief alles auf der Ebene der Körpersprache ab. Und als Sophias Körper signalisierte, dass es jetzt gut sei, lächelten die beiden sich an und waren fertig. Harmonischer ist Kommunikation nicht möglich.

Ist Samy Molcho also ein Exempel dafür, wie Sie sich oder Ihre Dienstleistungen vermarkten sollten? Ja – denn er hat alle unternehmerischen Aufgaben seit jeher an ein fantastisches Managementbüro delegiert und konzentriert sich auf das, was er am besten kann. Können Sie ein Samy Molcho werden? Das wird eher schwer – denn Samy hat seit seinem Kindesalter Bühnenerfahrung gesammelt und als Pantomime so viel für die Bühne trainiert wie vermutlich kaum ein anderer Speaker. Aber wollen Sie so lange trainieren, um insgesamt so perfekt zu sein, so zu begeistern wie ein Samy Molcho? Die meisten Speaker, die ich kenne, haben sich weit weniger lange auf die »Bretter, die die Welt bedeuten«, vorbereitet.

Vielleicht ist Ihnen aufgefallen, dass ich ein großer Freund des »Benchmarkings« bin, des kritischen Vergleichs mit denen, die in der entsprechenden Branche bereits erfolgreich sind.

Man könnte nun meinen, dass zum Thema Marketing doch alles bereits gesagt ist. Das stimmt. Oder genauer: Zu Marketing ist viel zu viel gesagt! Wenn ich nur an mein Studium zurückdenke – was haben wir damals für einen unbrauchbaren Mist pauken dürfen. Und mit diesem Mist kam ich dann 1998 aus der Angestelltenwelt der Großkonzerne in die Selbstständigkeit. Meine Frau Claudia und ich gründeten ein Partnerunternehmen: in einem Zimmer unserer Mietwohnung in Salzburg, mit 20 000 DM Startkapital. Ich meinte damals alles auspacken zu müssen, was ich im Studium gelernt hatte. Was entstanden da für tolle Businesspläne, Analysen, Marketingprojekte, Vertriebsmodelle ... Rückblickend wäre ich gern dabei gewesen, als mein Geschäftspartner all diese Unterlagen, die ich ihm zugeschickt hatte, las. Vermutlich hat er leise geschmunzelt oder laut gelacht und gedacht: Dem muss ich helfen. Er hat mir dann in drei Tagen das Allernotwendigste für die Praxis als Unternehmer beigebracht. Diese Tipps und meine darauf folgenden Erfahrungen aus mittlerweile über einer Dekade erfolgreicher Selbstständigkeit finden Sie auf den folgenden Seiten. Auf eine kurze Formel gebracht:

Marketing kann so einfach sein!

Denn je einfacher ich im Marketing gedacht habe, desto erfolgreicher war ich. Immer, wenn ich dachte, ich müsste was Exklusives, Neues, ganz Außergewöhnliches, noch nie Dagewesenes im Marketing ausprobieren, war das Verhältnis zwischen Input und Output schlechter – bei gleichzeitig großem Stress und Risiko.

Zu Beginn meiner Selbstständigkeit schielte ich zudem ein wenig nervös nach Wien, wo zeitgleich ein Unternehmen gegründet worden war, das nahezu eins zu eins die Angebote unseres Unternehmens im gleichen Markt anbot. Allerdings offenbar nicht mit 20 000 DM Startkapital, sondern mit einigen Nullen mehr, die Zahl war mindestens siebenstellig. Die Straßen waren mit Event-Ankündigungen tapeziert, in den größten Zeitungen warben großflächige 4-c-Anzeigen für Seminare mit denselben Topspeakern, die wir anboten. Mailings wurden nach dem Gießkannenprinzip verteilt. Da wird einem schon mulmig, wenn man gerade Kleinunternehmer mit Großkonzernerfahrung geworden ist und die »Kriegskasse« nahezu leer ist. Um es kurz zu machen: Dieses Unternehmen in Wien war nach gut einem Jahr pleite und der Gründer und Geschäftsführer wurde kurze Zeit danach inhaftiert.

Unser Konzept hingegen war sehr simpel: eine gesunde, nachhaltige Unternehmereinstellung, attraktive Angebote, ein außerordentlich persönlicher Service und kurze Wege zum Kunden. Es dauerte nicht lange, bis wir alle österreichischen Anbieter in vergleichbaren Produktkategorien überholt hatten. Viel hilft nicht immer viel.

Diese Philosophie der Einfachheit ist nicht neu – alles wird seit Langem überall »simplified«. Neu ist aber die Rezeptur meiner in der Praxis getesteten Einfachheit im Marketing. Und Sie können diese Rezepte eigenständig auf gleichem, einfachem, aber sehr wirkungsvollem Niveau nachkochen. Es wird Ihnen schmecken – viel Spaß beim Kochen und Genießen!

Wenn Ihre Auftragsbücher bislang nicht immer voll sind, wenn Ihr Kalender noch freie Tage bietet – wenn Sie also nicht immer wieder ausverkauft sind –, kann das vereinfacht ausgedrückt nur drei Gründe haben:

1. Sie sprechen die falsche Zielgruppe an und / oder
2. Sie sprechen die richtige Zielgruppe an, aber falsch und / oder
3. Ihr Produktangebot ist nicht optimal.

Die Ursache für schlechte Marketingergebnisse sind nicht die (uneinsichtigen) Kunden, die einfach nicht erkennen wollen, wie genial die Produkte sind. Es liegt schon eher an der Art, wie Sie diese Zielgruppen ansprechen. Aber in erster Linie hängen die Ergebnisse davon ab, was Sie anbieten bzw. wie Sie sind.

Das will in der Regel niemand gern hören. Für den Erfolg ist diese souveräne, distanzierte Sicht auf die eigene Person und die eigenen Produkte jedoch entscheidend. Daher werde ich Sie auf den nächsten Seiten oft persönlich ansprechen und an Sie appellieren: dass Sie sich ändern, dass Sie anders denken, dass Sie an sich arbeiten. Denn nichts ändert sich, außer Sie ändern sich. Auf den Punkt gebracht:

Je attraktiver Ihre Produkte und Leistungen (Sie) sind, desto einfacher ist das Marketing!

Wenn der Kunde, der von Ihnen und Ihrem Angebot erfährt, nicht kauft, liegt es selten am Kunden. Natürlich kommt es vor, dass die Person, mit der Sie gerade kommunizieren, aktuell gar keinen Bedarf hat, dass ihr gerade die Ruhe fehlt oder es ihr schlicht an Geld mangelt. Dennoch behaupte ich: Kunden kaufen grundsätzlich gern, insbesondere wenn der Nutzen größer als die Investition erscheint. Dann kaufen Kunden auch Angebote, die sie kurz vorher gar nicht wollten oder nicht zu benötigen meinten. Ja – es ist nicht die Marketingkommunikation, die *primär* Lust auf ein Produkt macht. Vielmehr erzeugt das Produkt selbst (hoffentlich) Lust zum Kauf. Wenn Ihre Kunden zu selten Lust verspüren, zu kaufen, dann arbeiten Sie an sich und Ihrem Produkt, nicht zuerst am Marketing oder Kommunikationskonzept. Das kommt später. Ein gutes Produkt verkauft sich sogar bei schlechtem Marketing. Ein geniales Produktangebot verkauft sich häufig sogar ganz ohne Marketing. Der Marketingplan von Samy Molcho und seinem Management bestand sicher nicht aus viel mehr als der Idee, Samy auf die Bühne vor Entscheiderpublikum zu bringen, das ihn bucht. Und einige Zusatzprodukte wie zum Beispiel Bücher auf den Markt zu bringen. Vielleicht sah der Plan noch ein wenig Pressearbeit vor. Das ist einfach, das macht Spaß, das macht reich. Und ja – Sie können vielleicht kein Molcho werden, aber Sie können Ihr volles Potenzial nutzen. Tun Sie dies, damit Sie regelmäßig ausverkauft sind – und das ohne große Investitionen oder Anstrengung, sozusagen automatisch.

Wenn ich in diesem Buch über Produkte schreibe, dann meine ich damit neben Produkten im engeren Sinne auch Dienstleistungen. Dennoch sind Produkte und Dienstleistungen zwei sehr unterschiedliche Bereiche. Wesentlich ist, dass Produkte nicht an eine bestimmte Person gebunden sind, Dienstleistungen hingegen meist schon.

Aus der Sicht des Anbieters von Dienstleistungen stellen sich die Unterschiede so dar:

- Dienstleistungen können Sie nicht auf Vorrat produzieren, die »Kapazitäten« sind schwer zu planen und auf Personenkapazitäten begrenzt.
- Die Qualitätssicherung und -kontrolle ist schwieriger als bei Produkten.
- Vertrauensbildende Maßnahmen in die Kompetenz sind entscheidender.
- Dienstleistungen sind schwerer zu visualisieren und zu präsentieren.
- Dienstleistungen sind anders zu »transportieren« oder zu liefern.

Aus der Sicht des Nachfragers:

- Das Angebot ist im wahrsten Sinne des Wortes nicht auf einen Blick zu erfassen.
- Die Leistungsfähigkeit des Dienstleisters ist nicht konstant.
- Daher herrscht eine größere Kaufunsicherheit als bei Produkten; das Risikoempfinden ist höher.
- Die Vergleichbarkeit mit Wettbewerbsangeboten ist schwerer als bei »handfesten« Produkten.
- Kaufentscheidungen orientieren sich stärker an subjektiven Faktoren.
- Preise wirken oft als Qualitätsindikatoren.[2]

---

2 Vgl. Meffert, Heribert / Bruhn, Manfred: Dienstleistungsmarketing. Grundlagen – Konzepte – Methoden, Wiesbaden 2006, S. 115 ff.

Vieles von dem, was wir in diesem Buch besprechen werden, gilt für Produkte und Dienstleistungen gleichermaßen. Sie sollten sich aber bewusst sein, dass es da und dort große Unterschiede gibt.

Eine weiteres Begriffspaar, das ich ansprechen möchte, sind »Marketing« und »Verkauf«. Marketing und Verkauf sind nicht dasselbe, aber es gibt einen fließenden Übergang. »Marketing« ist laut Wikipedia ein »Konzept der ganzheitlichen, marktorientierten Unternehmensführung zur Befriedigung der Bedürfnisse und Erwartungen der Kunden und anderer Interessengruppen (Stakeholder)«. Mir gefällt diese Definition sehr, da sie einerseits zum Ausdruck bringt: Marketing ist strategisch, betrifft die oberste Führung, ist Chefsache. Andererseits besagt diese Definition: Erledigt das Marketing seine Hausaufgaben nicht, wird das Verkaufen schwierig.

Wichtige Bedingungen, die das Marketing erfüllen muss, damit der Verkauf erfolgreich ist, sind:

- **Die Bedürfnisse und Erwartungen der Kunden müssen ausreichend *erforscht* und definiert werden.**
- **Dafür müssen im Rahmen der *Produkt*entwicklung entsprechend attraktive Lösungen erarbeitet werden.**
- **Es müssen marktattraktive *Preis*modelle gefunden werden.**
- **Für die Produkt-Preis-Kombination ist eine kundengerechte *Promotion-*/Kommunikationsstrategie zu entwickeln.**
- **Der Weg des Produkts vom Anbieter zum Nachfrager *(Placement)* sollte schnell und einfach sein.**

Gutes Marketing ermöglicht also erst erfolgreichen Verkauf. Viele Experten definieren »Verkauf« auch als Bestandteil des vierten »P« im Marketing: Placement. Distributionspolitik ist insofern Vertriebspolitik. Jeder Verkäufer würde aber protestieren, wenn man ihn zum Marketing zählt ... Das ist auch gut so, da Marketingarbeit die Vertriebspolitik bestimmt, der Vertrieb aber auch Forderungen an das Marketing stellt, wenn das Verkaufen nicht so funktioniert wie gewünscht. Eine immerwährende, meistens fruchtbare Symbiose.

2. Die einfache Denke der erfolgreichsten Unternehmer

Wie viele Tonnen Literatur gibt es, in der die Geheimnisse der Erfolgreichsten der Erfolgreichsten analysiert worden sind? Wie viele Fernsehinterviews wurden ausgestrahlt, in denen Milliardäre zu ihren Erfolgsgeheimnissen befragt worden sind? Und was haben all diese Analysen im Ergebnis gemeinsam? – Die Aussage: »Es kommt sehr darauf an!« Bitte nicht falsch verstehen: Ich bin ein großer Fan von Biografien erfolgreicher Persönlichkeiten und lese diese mit großer Freude. Zum Beispiel die von Bill Gates, einem anfangs schüchternen Computerbesessenen, der ein geniales Produkt für seine Zielgruppe entwickelte. Und da es zur richtigen Zeit am richtigen Ort war, wurde es ein Renner. War das Produkt einfach oder fehlerfrei? Nein. Und das ist es heute immer noch nicht. War Bill Gates der geborene Unternehmer? Nein. Der Markt hat ihm die Sachen aus der Hand gerissen. War er talentiert? Ohne Zweifel, aber auch nicht auf allen Gebieten. Hatte er Glück? Ja – viel. Und zweifelsohne ist es ihm gelungen, die richtige Denke als Unternehmer rasch zu verinnerlichen. Er konzentrierte sich gerade in den ersten Dekaden seiner Erfolgsgeschichte auf das, was die Kunden brauchten, und entwickelte dafür ausreichend attraktive Angebote. Und so wurde er der reichste Mann der Welt.

Macht es also Sinn, sich als Unternehmer an diesen Erfolgreichen zu orientieren? – Ja, einige einfache Grundsätze lassen sich durchaus daraus ableiten, insbesondere auch für das Marketing.

Das Warren-Buffett-Prinzip: Von Milliardären lernen

Einer der größten Milliarden-Deals der letzten Jahrzehnte lief vielleicht nicht genau so ab, wie ich mir das vorstelle, aber es könnte sich so oder so ähnlich abgespielt haben: Der damals reichste Mann der Welt, Bill Gates, und der zweitreichste Mann der Welt, der Investor Warren Buffett, trafen sich mal wieder zu einer ihrer regelmäßigen

Golfrunden. Am Loch 17 klopfte Buffett, Ende siebzig, dem viel jüngeren Gates auf die Schulter und sagte: »Ich habe viel über das Leben nachgedacht und eine Entscheidung getroffen: Der Großteil meines Vermögens soll in den nächsten Jahren schrittweise an die Stiftung von dir und deiner Frau Melinda übertragen werden, das sind rund 35 Milliarden Dollar. Wäre das okay für dich?« Bill Gates war vermutlich überrascht und glücklich zugleich und benötigte nicht viel Zeit, um Ja zu sagen. Vielleicht erkundigte er sich noch: »Warren, warum willst du so einen großen Teil deines Vermögens abgeben; es bleiben dir ja nur ein paar Milliarden Dollar für dich und deine Familie?« Und ich stelle mir vor, dass Warren nicht lange überlegen musste, um zu antworten: »Bill, wenn ich fünf bis sieben Milliarden Dollar behalte, kann ich mit einem Teil davon meine Verwandtschaft beruhigen, und den anderen Teil nutze ich, um in den nächsten Jahren wieder viele neue Milliarden Dollar Vermögen anzuhäufen!«

Mittlerweile sind dem Beispiel von Buffett viele andere Milliardäre gefolgt, die sich in der Spendenkampagne »The Giving Pledge«, das Spendenversprechen, zusammengeschlossen haben. Der soziale Gedanke spielt bei dieser Spendenkampagne sicher eine große Rolle. Aber ich denke, dass Warren Buffett und seinesgleichen auch bewusst war: Das, was ich kann und weiß und meine Art des Denkens garantieren mir in meiner Branche *immer* ein Milliardenvermögen. Was also ist es, was wir von Warren Buffett und anderen Superreichen lernen können? Es ist die Denke, die Einstellung dieser außerordentlichen Unternehmer. Diese Denke ist vor allem durch folgende Kennzeichen charakterisiert:

1. **Branchenkenntnis:** Warren Buffett kennt seine Investmentbranche wie kein anderer. Er weiß die Regeln, hat Kontakt zu den Schlüsselpersonen, nutzt alle Informationsquellen. Er hat sich in der Branche als *(der)* Experte etabliert, an dem keiner vorbeikommt.
2. **Risikobereitschaft:** Buffett weiß, dass es keine Garantie für Erfolg gibt und dass jede Entscheidung ein Risiko birgt. Er ist Meister im Sammeln entscheidungsrelevanter Informationen und versteht es, diese auf Basis einer individuellen Chancen-Gefahren-Relation (Risikomanagement) abzuwägen und dann den richtigen Weg zu gehen.
3. **Investitionsbereitschaft:** Ihm ist klar, dass ohne Saat keine Ernte möglich ist. Jeder Copyshop muss mindestens in einen Kopierer inves-

tieren, um Geschäfte zu machen. Buffett weiß auch, dass Investitionen gestreut werden müssen, um potenzielle Misserfolge im einen Bereich durch Erfolge im anderen auszugleichen. Er lässt nicht zu, dass einzelne Fehlinvestitionen seine gesunde Risikobereitschaft abschwächen.

4. **Konsequenz und Disziplin:** Warren Buffett ist bewusst, dass Erfolge selten mühelos zu erreichen sind. Davon zeugt auch der bekannte Aphorismus, dass Genie nur zu einem Prozent Inspiration, aber zu 99 Prozent Transpiration sei. Es geht also darum, sich an die durchaus anstrengende Umsetzung zu machen, anderen Versuchungen zu widerstehen und den eingeschlagenen Weg konsequent und diszipliniert als Team zu verfolgen. Zickzack-Unternehmer werden selten erfolgreich, wobei ich zugeben muss, dass ich meinerseits den eingeschlagenen Weg durchaus auch mal verlassen habe, da die Alternative ein Vielfaches an Ertrag versprach. Es gibt eben selten eine Regel ohne Ausnahme ...
5. **Multiplikation:** Der Hebel zum großen Erfolg besteht darin, sein System auszudehnen oder zu übertragen, beispielsweise indem man sein Geschäftsmodell auf mehrere Personen (z.B. durch Franchising), auf andere Branchen oder geografisch ausweitet und damit das Potenzial vervielfacht. Warren Buffett könnte alle Milliarden-Beteiligungen seines Investmentunternehmens Berkshire Hathaway niemals allein managen. Er hat viele »kleine Buffetts« mit ähnlichen Denk- und Handlungsmustern geschaffen und seine Kriterien, sein System damit multipliziert. Er selbst koordiniert auf einer Metaebene. Das ermöglicht Chancen, die bei einer Beschränkung auf seine Person stets begrenzt wären.
6. **Verteilte Kompetenzen:** Keiner gewinnt allein. Wer nicht anderen fähigen Menschen mit ähnlichem »Mindset« und Potenzial vertraut, verschenkt große Chancen. Warren Buffett investiert nicht in Firmen, sondern in fähige Menschen. Er delegiert, insbesondere die Themen, die ihm selbst weniger liegen. Bill Gates wäre ohne seinen Managementpartner Steve Ballmer niemals so erfolgreich geworden. Es geht darum, herauszufinden, was Sie am besten können. Den Rest delegieren Sie an andere, nämlich entweder an Mitarbeiter oder nach außen an Dienstleister. Dazu benötigen Sie wiederum eine gewisse Risiko- und Investitionsbereitschaft.
7. **Ewiges Lernen:** Warren Buffett ist süchtig nach Informationen. Das betrifft unter anderem gesellschaftliche Strömungen, politische

Entwicklungen und natürlich auch wirtschaftliche Trends. Er denkt quer, ist ständig auf der Suche nach neuen Ideen und Innovationen, in die er investieren kann. Seine wichtigste Ressource ist nicht Kapital, sondern Wissen. Sein Wissensnetzwerk sucht seinesgleichen.
8. **Flexibilität:** Buffett spürt und weiß, wann er korrigieren muss. Er ist im Business konsequent und diszipliniert, behält jedoch zugleich den Weitblick, um den Kurs seines riesigen Schiffs bei Bedarf frühzeitig korrigieren zu können. Das Leben ist keine gerade Linie, sondern ein schöner Berg, der auf Serpentinen, also Kurve für Kurve, bestiegen werden will. Dabei beschreitet Buffett selten ausgetretene Trampelpfade, er sucht sich vielmehr seine eigenen Wege.
9. **Konzentration:** Warren Buffett ist wie ein Laserstrahl, der nur dann seine Kraft voll entfalten kann, wenn er auf einen konkreten Punkt konzentriert ist. Das betrifft sowohl die Konzentration auf das große Ziel im Leben, auf die eigenen Stärken als auch die Konzentration auf jeden der vielen kleineren Schritte auf dem Weg. Letztlich gehört dazu auch, sich nach dem EKS-Prinzip aufzustellen. Die von Wolfgang Mewes entwickelte EKS-Strategie fokussiert den Nutzen der Zielgruppe; auf diesen Nutzen werden alle Kräfte konzentriert. Und über den Zielgruppennutzen wird dann der eigene Gewinn optimiert.

Erfolgreiche Menschen sind zudem service- und qualitätsorientiert, sie hören hin, lassen sich beraten und coachen, wägen auf Basis ihrer Denkmuster und Erfahrungswerte ab und treffen Entscheidungen. Das nötige Quäntchen Glück muss dann nicht mehr allzu groß sein, um Erfolg zu erreichen.

Welche dieser wertvollen Unternehmereigenschaften haben Sie sich schon angeeignet? Bitte überprüfen Sie Ihre Einstellungen, denn sie sind für den Marketingerfolg enorm wichtig.

Diese Denke und Erfahrung »anzuzapfen«, ist Menschen viel Geld wert. Warren Buffett, aufgrund seiner treffsicheren Voraussagen auch das »Orakel von Omaha« genannt, veranstaltet alljährlich eine »Lunch-Versteigerung«: Es geht um das Privileg, einmal gemeinsam mit der Investorenlegende im New Yorker Steakhouse Smith & Wollensky zu Mittag zu essen. Seit über zehn Jahren veranstaltet Buffett nun schon diese Auktion, deren Erlös Obdachlosen und anderen notleidenden

Menschen zugutekommt. Und Buffett-Fans zahlen dafür jedes Jahr um die zwei Millionen Dollar. Das Steakhouse müsste es übrigens gar nicht unbedingt sein, denn Buffett isst am liebsten Hamburger.

Auch sonst ist Warren Buffett relativ bescheiden. 2009 hat er sich lediglich 175 000 US-Dollar Gehalt von seiner Firma Berkshire Hathaway gegönnt. Weitere 75 000 Dollar bekam er als Verwaltungsratsmitglied der *Washington Post*. Seit fast drei Jahrzehnten flattert ihm damit der gleiche fixe, aber im Vergleich sehr bescheidene Gehaltsscheck in sein Reihenhäuschen. Der scharfe Kritiker von ausufernden Managervergütungen lehnt Boni ab. Er weiß, was er wert ist und an Wert (für seine Kunden) schafft. Er weiß, was er dafür priorisieren muss. Gehalt ist dabei nebensächlich. Das ist Unternehmerdenke, die auf die richtige Reihenfolge setzt: Erst Werte für andere schaffen, dann entstehen die Werte für einen selbst fast von allein.

Pater Anselm Grün, der bekannte deutsche Mönch, Autor und Speaker, der um die 15 Millionen Bücher verkauft und als Autor und Redner mehr als 100 Millionen Euro (für seine Abtei) umgesetzt hat, sagt zum Thema Geld: »Ich besitze nichts, aber ich bekomme ein bisschen Urlaubsgeld. Wenn ich unterwegs zu meinen Vorträgen bin, genehmige ich mir manchmal einen Cappuccino. Das ist mein Luxus ... Ich sehe, wie das Geld viele Menschen hart macht. So will ich nicht werden. Geld gefährdet die innere Freiheit. Eigentlich könnten Menschen mit viel Geld sorglos und frei sein. Aber oft kreisen gerade reiche Leute mit ihren Gedanken immer nur ums Geld. Es gibt Reiche, die glücklich sind, natürlich. Aber das sind die, die innerlich frei von diesem Reichtum sind.«[3] Unternehmer, die ihren Erfolg in erster Linie in monetären Messgrößen definieren, sind arm.

Warren Buffett wird von einer fast grenzenlosen Leidenschaft für das, was er täglich tut, angetrieben. Sein erstes Geld verdiente er als Zeitungsbote, mit der Vermietung von Flipperautomaten und dem Verkauf gebrauchter Golfbälle. Er hatte längst verstanden, was es heißt, Unternehmer zu sein, als er im Alter von elf Jahren seine ersten drei Aktien erwarb und Feuer fing für eine Branche, die ihn nie mehr los-

3 Vgl. Süddeutsche Zeitung, GELD-Beilage, Artikel »Geld gefährdet die innere Freiheit«, 08.02.2008.

ließ. Love it, change it, and if you can't change it, leave it – so sollten auch Sie überprüfen, ob Sie das tun, wofür Sie brennen.

Das Warren-Buffett-Prinzip lässt sich also folgendermaßen zusammenfassen: Erfolg im Marketing ist das Ergebnis der richtigen Einstellungen und Denkmuster. Topunternehmer kennen ihre Branche, denken richtig nach, wägen sauber ab, entscheiden schnell *und* handeln: zum Vorteil und zur Begeisterung ihrer Kunden, Mitarbeiter und Partner!

Warren Buffett erklärte einmal: »Ich suche Unternehmen, die ich verstehe und von deren Zukunftsaussichten ich überzeugt bin.«[4] Bei seiner Suche orientiert er sich an den neun Kennzeichen erfolgreicher Menschen. Machen auch Sie sich die entsprechenden Denk- und Verhaltensmuster zu eigen – und wer weiß, vielleicht investiert Berkshire Hathaway irgendwann in Sie.

Warum im Marketing oft zu kompliziert gedacht wird

Immer wieder darf ich als Dienstleister bei größeren Firmen und Konzernen Meetings miterleben, in denen die Marketingexperten die Marketingstrategie des nächsten Geschäftsjahres planen. Ich bin dort meistens der »externe Berater« ohne Scheuklappen, der eingeschaltet wird, wenn keiner im Raum die richtige Idee hat, Diskussionen festgefahren sind usw. In diesen Meetings höre ich 90 Prozent meiner Zeit nur zu. Und wundere mich oftmals. Denn dort sitzen oft bis zu einem Dutzend hochbezahlte Mitarbeiter und präsentieren mit PowerPoint und Excel umfangreiche Marketingmodelle, tonnenweise Budgetzahlen, seitenlange Marktforschungsergebnisse und zahllose Markterfahrungen, um am Schluss zu erkennen: Die Entscheidung für die richtige Maßnahme ist nicht leicht, alles ist komplex. Dann folgt oft die Frage der Fragen: »Herr Haider, was würden Sie denn raten: A, B oder C?« In der Regel stelle ich dann erst mal einige einfache Fragen:

4 Vgl. Lowenstein, Roger: Buffett. Die Geschichte eines amerikanischen Kapitalisten, Kulmbach 2009.

1. Wer ist eigentlich Ihr idealer Kunde für dieses Angebot?
2. Was braucht (nicht: was will) dieser Kunde eigentlich?
3. Wie tickt dieser Kunde?

Und nun bekomme ich Antworten in einer Sprache, die jeder versteht. Das Denken löst sich aus den eingespielten Bahnen und folgt einfach dem gesunden Menschenverstand.

Randy Gage, einer der erfolgreichsten Marketinggurus Amerikas, sagt: Wenn du mit deinem Kunden kommunizierst, sprich und schreib in der Sprache der achten Schulkasse. Ich möchte dies noch ergänzen: Bevor du mit deinem Kunden kommunizierst, führe die Sprache der achten Klasse im eigenen Unternehmen ein, sodass die Kollegen untereinander in einer klaren Sprache miteinander reden. Schauen Sie sich einfach mal ein paar Flyer, Websites, E-Mails oder Anschreiben von verschiedenen Unternehmen an. Dort stoßen Sie mit großer Wahrscheinlichkeit auf überkomplexe Satzkonstruktionen oder Ausdrücke, die erst beim zweiten oder dritten Lesen verständlich werden – wenn überhaupt. Wer schreibt so etwas und warum? Muss dort jemand seinen Expertenstatus demonstrieren? Wenn Sie etwas richtig gut können, können Sie dies auch mit einfachen Worten erklären. Zeigen Sie Ihre Pläne, Texte und Kommunikationsmittel einem Teenager: Wenn er sie versteht, sind Sie auf einem guten Weg.

Völlig überflüssig sind auch die pompös gestalteten, hochglänzenden, mit Flash- und anderen Animationen gespickten Designs der Broschüren und Websites. Suchen hier durchschnittliche Marketingfachleute in der Verpackung ihr Heil, wenn schon der Inhalt wenig hergibt? Amerikanische Kommunikationsmittel zeugen seit einigen Jahren (was früher auch anders war) wieder von funktioneller Schlichtheit. Weg von den Flyern, die uns mit Musik beschallen, wenn wir sie öffnen, und weg von Pop-up-Broschüren. Hin zu dezenter, aber doch professioneller Grafik, mit wenigen, aber ausgesuchten Farben, mit unterstützenden Bildern als Eyecatcher und sparsamen, einfachen Texten.

Beispiel

Werfen Sie beispielsweise einen Blick auf die Website des Online-Konferenz-Anbieters »smile2« (www.smile2.de), der diese professionelle Schlichtheit, einfache Struktur und Sprache bisher sehr gut umgesetzt hat.

Was das Marketing nicht weiterbringt, ist der exzessive Gebrauch von Eigenschaftswörtern, Beschreibungen, die allein dem Selbstlob dienen. In meinem Markt beispielsweise, dem Speaker- und Weiterbildungsbereich, loben sich die Experten in den Himmel und preisen, wie exzellent, begeisternd, emotionalisierend, bereichernd, kurzum: wie toll sie alle sind. Selbst der Einsteiger ist dann plötzlich ein »Topspeaker«. Als ob es das wäre, was einen Kunden als Erstes interessiert. Was will denn der Kunde wissen, wenn er bei diesen Speakern landet und anfängt zu stöbern:

1. Was habe ich davon?
2. Wie ist das Produkt / der Anbieter?

Bei der Kommunikation mit dem Kunden zählt in erster Linie, was er davon hat, wenn er mit uns zusammenarbeitet, also sein Nutzen, und erst in zweiter Linie, wie (toll) wir sind.

Das Wie unterstützt das Nutzenversprechen und die Vertrauensbildung, mehr nicht. Und wenn Sie nur das umsetzen, kürzt das Ihre Texte meist um ein Drittel. Schön!

Bei der Nutzenkommunikation unterscheide ich noch einmal zwei Formen:

a) Primärnutzen: Das ist der Benefit, der direkt und sofort aus der Zusammenarbeit mit dem Anbieter entsteht.

b) Folgenutzen: Das ist der Benefit, den der Kunde langfristig hat, wenn er das Produkt oder die Dienstleistung (dauerhaft) anwendet.

Der Primärnutzen eines Rhetoriktrainers ist, dass ich nach dem Training die Teilnehmer meiner Verkaufspräsentationen begeistern und überzeugen kann. Der Folgenutzen besteht in einer Steigerung von Abschlüssen, Umsatz und Gewinn. Beim sauerstoffangereicherten Mineralwasser O_2 ist der Primärnutzen ein erfrischendes Mineralwasser, das (hoffentlich) schmeckt und belebt. Der versprochene Folgenutzen liegt in einer Zunahme von Energie und Leistungsfähigkeit, Wohlgefühl und Erfolg. Den Durst kann der Kunde mit jedem Getränk löschen – und deshalb ist der Folgenutzen wichtig. Daher sollten Anbieter bei ihrer Kundenkommunikation nicht nur auf die Wasserqualität und den Geschmack eingehen, sondern auch und viel mehr darauf, was Kunden als Folge des Genusses zusätzlich haben werden: mehr Energie, Ausstrahlung, Attraktivität usw.

Letztendlich entscheidet Ihr Kunde, also der Empfänger der Botschaft, über die jeweiligen Kommunikationsbestandteile. Sind Ihre Zielgruppen beispielsweise Wirtschaftsprüfer und Steuerberater, spielen die beschreibenden Fakten und der Nutzen sicher eine größere Rolle als etwa bei Finanzdienstleistern, die den Spaß und das Juhu in jedem Absatz suchen. Also – kennen Sie Ihre Zielgruppe und deren Sprachanforderungen gut genug?

Kein Kunde kauft »Produkte« oder »Dienstleistungen«!

Wenn Sie in einen Ferrari-Autosalon gehen und das nötige Kleingeld besitzen, um so ein rotes Beförderungsmittel zu erwerben: Kaufen Sie dann ein *Auto*? Wenn Sie als modebewusste Dame in ein exquisites Bekleidungsgeschäft gehen und eine modern geschnittene Jacke anprobieren, die Sie um einige Jahre jünger oder einige Kilo schlanker aussehen lässt: Kaufen Sie dann eine *Jacke*? Wenn Sie ein Vertriebsseminar zum Thema »Abschlusstechniken« buchen, um mehr Aufträge zu erhalten: Kaufen Sie dann ein *Seminar*?

Sie ahnen die Antwort sicher. Nein! Sie kaufen kein Auto, keine Jacke und kein Seminar, sondern Spaß, Freude, Selbstwertgefühl, Ansehen, Anerkennung oder Erfolg. Kurzum: Ob wir den richtigen Knopf beim Kunden finden, hängt nicht zuletzt davon ab, ob wir das richtige Gefühl ansprechen. Das Produkt oder die Dienstleistung ist häufig nur Mittel zum Zweck.

Menschen wollen grundsätzlich bei allem, was sie tun oder lassen, Spaß haben und / oder Negatives vermeiden.

Das ist mehr oder weniger auch bei Ihnen so, egal ob Sie Maurer, Physiotherapeut oder Maschinenbauer sind.

Tipp!

Was bedeutet das für Ihr einfaches Marketing? Fragen Sie sich, was die Kunden langfristig von Ihrem Produkt oder Ihrer Dienstleistung haben. Insbesondere wie die Kunden sich fühlen, wenn sie Ihr Produkt genossen haben bzw. neue Kenntnisse umgesetzt haben. Am leichtesten lässt sich das daran ablesen, wenn Sie spontan Anrufe, Briefe oder E-Mails von Kunden bekommen, die sich voller Begeisterung noch Tage oder Wochen später bedanken. Das passiert bei Ihnen nicht oder selten? Wenn das, was Sie tun, keine spontanen Reaktionen beim Kunden hervorruft, dann ist Ihr Angebot noch nicht gut genug. Es besteht nicht den Stammtischtest: »Stammtischtest« bedeutet, dass Kunden ihren Freunden am Abend am Stammtisch von sich aus erzählen, was sie heute Tolles erlebt haben.

Es könnte sogar sein, dass Ihre Kunden sich freundlich von Ihnen verabschiedet haben und danach etwas empfinden, was die Wissenschaft »kognitive Dissonanz« nennt, einfach übersetzt: Die eigene Entscheidung wird infrage gestellt, Erwartungen wurden nicht erfüllt, Kunden sind enttäuscht. Und noch schlimmer: Sie reden vielleicht negativ über Sie. Natürlich gibt es kein Unternehmen, das überhaupt nie enttäuschte Kunden hat. Aber Sie sollten das dann wissen, denn nur dann können Sie korrigierend handeln.

Neben der richtigen Kommunikation über die richtigen Motivatoren gibt es noch ein ganz wesentliches Kriterium bei Kaufentscheidungen – ein Kriterium, das alle anderen überragt. Hierzu ein Beispiel:

Beispiel

Nehmen wir mal an, Sie müssen beruflich erstmals nach Südafrika und buchen trotz knappen Budgets ausnahmsweise nicht über das Internet, sondern gehen in ein Reisebüro, um die beste Möglichkeit auszuwählen. Der Reiseprofi durchsucht alle Airlines und bietet Ihnen beim Flugticket eine Auswahl an: entweder Economy-Class mit Lufthansa oder sogar etwas günstiger First-Class mit allem Schnickschnack mit Swazi Express Airways über den Nachbarstaat Swaziland nach Johannesburg. Vermutlich entscheiden Sie sich spontan für Lufthansa, also für zehn Stunden Holzklasse. Warum?

Vielleicht weil es bei dieser Entscheidung um Leben oder Tod gehen kann? Und weil Sie von Swazi Express Airways noch nie etwas gehört haben? Und von Lufthansa wissen Sie, dass da alles sicher ist. Ja – denn Lufthansa hat im Marketing neben den Verkaufszahlen im Wesentlichen nur ein weiteres Ziel: jede Nachricht über Sicherheitsmängel oder Unfälle zu vermeiden und Komfort und Sicherheit zu propagieren. Nicht nur in der Werbung, sondern auch vor Ort wird peinlichst darauf geachtet, dass jede Maßnahme und jede Handlung etwas erzeugen, was für Lufthansa lebenswichtig ist: **Vertrauen.**

Durch die Sauberkeit der Flugzeuge, durch perfekte Kleidung und kompetente Ausstrahlung der Mitarbeiter, durch ein perfektes Erscheinungsbild überall dort, wo der Kunde mit der Marke Lufthansa in Berührung kommt. Können Sie sich noch an den Absturz der Boing von Lauda Air 1991 erinnern, bei dem 223 Menschen starben? Was war das für ein Vertrauensverlust für die damalige Lauda Air und Boing. Der starke persönliche Einsatz von Niki Lauda und die transparente Behandlung der Absturzursachen haben damals den größeren Schaden für das Unternehmen verhindern können.

Helmut Schmidt hat einmal erklärt: »Vertrauen kann man nur herstellen, indem man sich selber anständig, durchsichtig und ehrlich benimmt. Vertrauen gewinnt man nicht durch Public Relations und auch nicht durch Schaffung einer Marke. Es geht um das Vertrauen von Menschen. Und dafür gibt's seit Jahrtausenden dieselben Rezepte, nämlich: Sei Beispiel und Vorbild!«[5]

Vertrauen ist das Blut im Organismus, das Öl im Getriebe. Vor allem bei Dienstleistungen. Ein Produkt wie eine Schere oder einen Stift können Sie vor dem Kauf ausgiebig testen. Der Verkäufer kann beweisen, dass das Produkt funktioniert, gut in der Hand liegt. Der Kunde kann sich vor Ort überzeugen – das baut Sicherheit und Vertrauen vor dem Kauf auf. Aber Dienstleistungen sind Versprechen, denen der Kunde glauben kann oder nicht. Ob es richtig war, sie zu kaufen, oder nicht, zeigt sich erst später. Vertrauensbildung ist also idealerweise das Vermeiden von Ängsten und Widerständen beim potenziellen Kun-

---

5 Vgl. Bahnmagazin »mobil«, September 2010, Interview Rüdiger Grube mit Helmut Schmidt.

den, realiter meist aber der Abbau, mindestens aber das Ernstnehmen derselben.

Der Kunde kauft eben nicht unbedingt ein Produkt oder eine Dienstleistung, sondern er vertraut darauf, dass Sie sein Problem lösen oder sein Bedürfnis befriedigen können. Wie stellen Sie also ein solches Vertrauen einfach her?

V-Momente an jeder Stelle: Die Amerikaner sprechen von »magic moments«. Damit sind oft die »kleinen, schönen, unerwarteten Momente«, die angenehmen Überraschungen gemeint, die zeigen, dass der Anbieter sich für mich interessiert, mich und meine Lage kennt, mich ernst nimmt. Das vermittelt Professionalität und das stärkt Vertrauen. Beispiele hierfür sind die namentliche Begrüßung im Laden, das Gläschen Sekt beim Check-in im Hotel oder ein persönlicher Buchtipp samt Zusammenfassung, die Sie an gute Kunden versenden. Schaffen Sie solche V-Momente auf allen Ebenen Ihrer Kundenkommunikation. Es kommt dabei allerdings nicht auf die Masse an; zwei bis drei wirklich passende Aktionen reichen, um das Vertrauen des Kunden zu fördern.

V-Kommunikation in jeder Botschaft: Voraussetzung dafür ist, dass Sie klar wissen und selbstbewusst und positiv zum Ausdruck bringen können, wer Sie sind und was Sie bieten. Auf dieser Basis geht es bei der V-Kommunikation einerseits um die schon erwähnte einfache, verständliche, sympathische, auf das Ziel ausgerichtete Kommunikation, die maßgeschneidert ist. Gewürzt durch ein paar persönliche Worte, ein nettes Zitat, einen kleinen Tipp oder Ähnliches. Und andererseits geht es um die lösungsorientierte, kompetente Kommunikation, die dem Interessenten das Gefühl gibt, den richtigen Partner gefunden zu haben. Sie dürfen hier ruhig auch mal den ein oder anderen Fachbegriff anbringen oder ein komplexeres Vorgehensmodell anbieten, sofern Sie Ihre Aussagen anschließend verständlich erläutern.

V-Produkte in jedem Moment: Am Ende zählt der Nutzen, gepaart mit einem emotional positiven Erlebnis. Geben Sie Ihrem Produkt oder Ihrer Dienstleistung dabei eine Verpackung, die Vertrauen schafft. Nicht zu pompös, aber so professionell, dass der Kunde »sauberes Handwerk« auf hohem Niveau vermuten darf. In der Weiterbildungs- und

Eventbranche etwa wird viel geleistet, ohne aber später den Kunden zu fragen, ob sich sein Investment gelohnt hat. Übernehmen Sie hier Verantwortung und garantieren Sie Ihrem Kunden den Erfolg (mit Geld-zurück-Garantie). Entweder Ihre Leistung löst das Problem des Kunden, dann haben Sie Ihr Geld verdient. Oder Sie können Ihr Leistungsversprechen nicht einlösen – egal ob der Grund bei Ihnen oder anderswo liegt –, dann verdienen Sie auch keine Bezahlung. Es wird dann also tatsächlich vereinzelt vorkommen, dass Sie Kunden Geld zurückgeben müssen, aber dafür verlieren Sie nahezu keinen Kunden mehr. Und zu den teuersten Investitionen im Unternehmertum zählt die Akquise von neuen Kunden.

Beispiel

Ein vorbildliches Beispiel dafür ist eine Firma nahe München, die Weine übers Telefon verkauft. Als Weinliebhaber war mir das suspekt, denn wie soll ich die Entscheidung treffen, zwölf oder mehr Flaschen einer durchaus nicht billigen Weinsorte verbindlich abzunehmen, wenn ich sie nicht verkostet habe? Diese Firma schult ihre Telefonverkäufer intensiv, vor allem darin, am Telefon ein Vertrauensverhältnis aufzubauen nach dem Motto: Lieber Kunde, alles, was ich Ihnen jetzt über den Wein erzähle, habe ich und haben Tausende andere selbst erlebt, das können Sie mir glauben, das wird auch bei Ihnen so sein, wenn der Wein eintrifft. Kurzum: Sie können mir vertrauen. Diese Firma macht siebenstellige Umsätze mit dem Weinverkauf übers Telefon. Das funktioniert auf Dauer nur über V-Momente, V-Kommunikation und V-Produkte: Spitzenweine, die die Kunden überzeugen und das bestätigen, was der Telefonverkäufer versprochen hat.

So viel zum Thema Vertrauen. Kommen wir zurück zu den Gefühlen, zu den Dingen, die eigentlich gewollt sind, wenn ein Kunde ein Produkt kauft. Was denken Sie, wenn Ihr Freund plötzlich mit dem neuesten Porsche Panamera mit Komplettausstattung und breitem Grinsen um die Ecke fährt? Seien Sie ehrlich! Was denken Sie, wenn Ihre Kollegin mit der neuesten Designerkleidung ins Büro kommt? Irgendwie mithalten möchten die meisten von uns dann ja doch, davon kann man sich kaum freimachen. Was hier zählt, ist also Prestige. Es macht Spaß, sich mit renommierten Marken zu schmücken. An Orte zu reisen, die sich viele nicht leisten können. In Hotels abzusteigen, in denen die Berühmten verkehren. Wenigstens manchmal.

Tipp!

Daneben gibt es eine Form, sich Ansehen zu verschaffen, die nicht unbedingt auf Geld und Luxus setzt. Darauf setzt ein Marketingkonzept, das einfach und schwierig zugleich ist: Seien Sie *einzigartig*, seien Sie *ver-rückt*.

Positiv verrückt auf hohem Niveau. Oder anders ausgedrückt: Normal sein ist out. Verrückt sein ist in und bedeutet: weggerückt von der Norm, vom Durchschnitt. Und das mit Stil.

Beispiel

Abercrombie & Fitch beispielsweise, die coole Modemarke mit Läden überall in der Welt, macht ständig durch verrückte Aktionen auf sich aufmerksam. Einmal durch ein etwa zwanzig mal zwanzig Meter großes Plakat an der Frontseite eines der Modeläden. Darauf war der obere Teil einer knackig sitzenden Männerhose zu sehen und im Schritt dieser Hose befand sich der Eingang zum Laden. Das war gewagt und verrückt, passte aber zu diesem Label und: Es brachte viel Aufmerksamkeit.

Dabei muss es nicht immer Geld kosten, um positiv verrückt zu sein. Sie können positiv verrückt reden, schreiben, verpacken, am Telefon begrüßen, Briefe verschicken – die Liste der Möglichkeiten, anders als der Durchschnitt, die Norm zu sein, ist endlos. Jack Trout nennt diese Denke: »Differentiate or die«, also sei anders oder stirb. Das erfordert Kreativität und Innovation und dazu gebe ich Ihnen später einige einfache Tipps.

Zusammengefasst bedeutet das: Um drei bis fünf von zehn Interessenten als Neukunden zu gewinnen und nie mehr zu verlieren, sollte Ihr Produkt

1. ein Problem des Kunden lösen,
2. Vertrauen genießen,
3. die Prestigeneigung Ihrer Kunden einbinden,
4. nicht »stinknormal« sein, sondern sich positiv unterscheiden und Spaß machen.

Und diese Punkte sollte Ihre Außenkommunikation glaubwürdig kommunizieren. Das reicht dann eigentlich schon für hervorragendes Marketing und Business. Lesen Sie aber bitte trotzdem weiter – es kommt noch besser.

Warum Kunden wirklich kaufen

Die Gründe, warum Kunden gerade jetzt kaufen, sind sehr vielfältig und häufig irrational. Sie kennen vielleicht selbst die Situation, wenn Sie an einem Schaufenster vorbeigehen und die Lederjacke oder was auch immer bewundern, anprobieren und spontan kaufen. Vielleicht kaufen Sie sie, weil Sie sich darin wie Brad Pitt fühlen. Oder weil Ihr bester Freund auch eine hat. Oder, oder, oder ... Wir nennen das auch Lustkauf, weil man eben spontan Lust dazu hat. Psychologen könnten sicher auch das in jedem Einzelfall begründen und herleiten, für einfaches Marketing ist der Lustkauf aber weniger interessant, da er nicht kalkulierbar ist.

Wenn Sie von dem schwer planbaren Spontan- oder Lustkauf absehen, kaufen Kunden generell, wenn

- Sie das bieten, was der Kunde aktuell sucht und benötigt, oder
- Sie den Bedarf beim Kunden für Ihr Angebot schaffen,
- das Preis-Leistungs-Verhältnis in den Augen des Kunden stimmt und
- Sie das Vertrauen aufgebaut haben, dass Sie den Bedarf decken bzw. das Problem lösen können.

Die Kaufentscheidung ist mit visuellen Aspekten (Verpackung), mit emotionalen Aspekten (Wirkung), mit finanziellen Aspekten (Preis) und mit funktionellen Aspekten (Anwendbarkeit und Nutzen) verbunden.

Das heißt für Ihr einfaches Marketing: Adressieren Sie Ihre Marketingbotschaften an die Zielgruppe, in der ohnehin ein hoher Prozentsatz nach entsprechenden Angeboten sucht. Bei Vertriebstrainern sind das beispielsweise die Vertriebsleiter oder HR-Verantwortlichen von Dienstleistungsunternehmen. Als Betreiber eines Vier-Sterne-Kinder-Hotels richte ich meine Botschaften idealerweise an Haushalte mit drei bis vier Familienmitgliedern und mittlerem bis höherem Einkommen.

Denken Sie in denselben Bahnen wie Ihr Kunde. Fragen Sie ihn, was er will und was er (zukünftig) braucht. Bemühen Sie sich darum, ihn und seine Probleme immer besser kennenzulernen. Je stärker Sie sich auf eine bestimmte Zielgruppe spezialisieren, desto einfacher und effektiver funktioniert das.

Zeigen Sie dem Kunden, wie einfach sein Leben sein kann, wenn er auf Sie und Ihre Angebote zurückgreift. Wie oft hatte ich in meinem Garten schon leise fluchend am Boden gekniet, um mit der Hand Unkraut zu jäten? Bis ich dann in einem Baumarkt Werbung für ein Gerät sah, mit dem das im Stehen geht: ganz ohne Kreuzschmerzen! Wer hätte gedacht, dass ich jemals gern Unkraut jäten würde? Machen Sie das Leben Ihrer Kunden auch einfacher und angenehmer? Wissen Ihre Kunden das? Manchmal tun Kunden etwas nicht, umständlich oder ungern, weil sie nicht wissen, wie einfach es mit Ihrer Hilfe wäre.

Unterstellen Sie bitte nicht, dass Kunden das wissen, was Sie wissen. Sie müssen bei den Besuchern Ihrer Website oder den Lesern Ihrer Flyer immer davon ausgehen, dass die Eigenschaften Ihres Produkts, der Nutzen und das erstklassige Preis-Leistungs-Verhältnis nicht sofort erkannt werden. Ihnen ist das natürlich klar und deshalb können Sie da leicht betriebsblind sein. Daher ist es wichtig, dass Sie immer wieder Angehörige der Zielgruppen bitten, Ihre Kommunikationsmittel auf Verständlichkeit zu prüfen. Fragen Sie nach, was als Botschaft angekommen ist.

Sie überzeugen einen Kunden, der von Ihrem Angebot erfährt, also am schnellsten, wenn er Ihr **idealer Kunde** ist und Sie ein für diesen idealen Kunden attraktives, nutzenstarkes Angebot gestaltet haben. In jeder Zielgruppe, die Sie für Ihren Aktionsraum im Marketing definieren, gibt es diese idealen Kunden, die sozusagen nur darauf warten, dass sie von Ihnen kontaktiert werden. Um Ihren idealen Kunden zu definieren, sollten Sie sich fragen, mit wem Sie und Ihre Mitarbeiter »am besten können«. Um ein optimales Profil zu erstellen, empfiehlt es sich, Ihre zufriedenen Bestandskunden daraufhin zu analysieren, mit wem Sie ohne ernsthafte Komplikationen gute Geschäfte machen. Die so ermittelten idealen Kunden fokussieren Sie zukünftig mit Ihrer Marketingkommunikation: nicht ausschließlich, aber mit Priorität eins.

Der Prozess des Kaufens lässt sich im Übrigen ganz gut mit dem Flirten vergleichen: Wenn Sie als braun gebrannter, gut aussehender, sportlicher Mann mit Waschbrettbauch und gereifter Persönlichkeit sich im

Markt der Frauen positionieren wollen, ist es nicht so entscheidend, ob Sie sich für eine bestimmte Zielgruppe entscheiden oder mit welcher Kommunikations- und Marketingstrategie Sie auf die Damenwelt zugehen: Die Wahrscheinlichkeit, dass Sie auf Bedarf treffen oder Bedarf wecken und nicht allein nach Hause gehen, ist groß. Wobei Adam natürlich auch hier das Profil seiner idealen Eva im Kopf hat. Wenn also das Produktangebot samt Verpackung stimmt und der Kunde Ihren Versprechen *vertraut*, wird gekauft.

Ob die Beziehung dann Bestand hat, liegt vorwiegend daran, ob Sie als Produkt eine gute Leistung bringen, die Erwartungen (über-)erfüllen und im Laufe der Zeit immer wieder Neues bieten. Die Beziehung hängt also von Ihrem Engagement und Ihrem langfristigen Kunden-Beziehungs-Management ab.

Sie müssen sich aber nicht um jeden potenziellen Kunden intensiv bemühen. Verabschieden Sie sich ruhig von solchen Interessenten- oder Kundenbeziehungen, die nur kompliziert und schwierig sind und bei wenig Return immer wieder Zeit, Nerven und Ressourcen kosten. Sie werden sehen, dass es manchmal richtig guttut, zu einem Kunden höflich Nein zu sagen. Sie brauchen auch keine Angst zu haben, dass Sie dadurch Umsatz verlieren: Wenn Sie die Zeit, die Sie durch diesen Abschied gewonnen haben, in einfaches Marketing – wie es in diesem Buch vorgestellt wird – investieren, werden Sie mehr und nicht weniger Umsatz generieren. Es kommt sogar vor, dass bei einem solchen Vorgehen aus komplizierten Kunden unkomplizierte werden …

Ente oder Ei?

Was also ist das Entscheidende im Marketing, was ist als Erstes zu beachten? Wer anbietet, was angeboten wird oder das Wie? Diese Punkte sind untrennbar miteinander verbunden.

Sie kennen sicher die Geschichte vom Bauern, der eines Tages in seinem Stall entdeckt, dass seine Ente ein goldenes Ei gelegt hat. Am nächsten Tag wieder. Jeden Tag legt die brave Ente dem glücklichen Bauern ein goldenes Ei. Doch bald wird der Bauer gierig. Wieso nur ein goldenes Ei am Tag? Bestimmt sind im Bauch der Ente noch viele solcher goldenen Eier. Er fasst den Entschluss, die Ente zu schlachten. Doch er findet kein Ei in der Ente. Und die Goldquelle ist tot.

Man kann aus dieser Fabel viele Schlussfolgerungen ziehen, ob zum Thema Gier oder zur permanenten Überforderung mancher Organisationen zulasten der langfristigen Leistungsfähigkeit.

Ihr Unternehmen ist jedenfalls Ihre Ente. Es erzeugt hoffentlich täglich goldene Produkte, die, golden verpackt, vom Kunden gern mit Gold bezahlt werden. Wer die Ente pflegt und »weiterentwickelt«, wird sehr lange goldene Eier erhalten. Das ist keine schwere, aber eine dauerhafte Aufgabe.

Eine Traumfrau bekommt man eben selten frei Haus geliefert. Traumkunden wollen umworben werden, sie wollen Aufmerksamkeit und sie erwarten vom Anbieter Engagement und Leidenschaft. Zu gutem Marketing gehören Selbstbewusstsein und Selbstüberzeugung dazu – denn keine Traumfrau und kein Traumkunde fängt Feuer, wenn die andere Seite nicht auch von sich begeistert ist.

Je erfolgreicher Sie sind, umso mehr Kritiker wird es übrigens geben. Vor allem aus der Richtung Ihrer Wettbewerber, der Medien usw. Je einfacher Sie Ihre Ziele bzw. die Ihrer Kunden erreichen, desto mehr Neid ernten Sie. Wenn Ihre Kunden jedoch von Ihrem Produkt überzeugt sind und aus eigenem Erleben wissen, dass das, was Sie anbieten, wirkt und die Versprechen erfüllt, werden sie Ihnen vertrauen und trotz aller Kritiker wiederkommen. Irgendwann wird die Kritik dann auch leiser werden, und vielleicht werden die Kritiker sogar Ihre Nähe suchen, Ihre Verbündeten sein wollen.

Beispiel

Ein schönes Beispiel dafür ist die Homöopathie: Samuel Hahnemann hat die Homöopathie zu Beginn des 19. Jahrhunderts erfunden, da er sich gegen die Schulmedizin wehrte, die damals auf Aderlass, Einläufe und ähnlich gefährliche Methoden setzte, die die Patienten quälten, ohne ihnen zu helfen, oder sie gar umbrachten. Er galt als kritischer Geist, der diese schädlichen Methoden infrage stellte und stattdessen das Ähnlichkeitsprinzip vertat: Er wollte Krankheiten mit den gleichen (verdünnten) Mitteln heilen, die sie verursachen. Eine bahnbrechende, alles Dagewesene in Zweifel ziehende Theorie …

Heute hat die Homöopathie überzeugte Anhänger wie Gegner. Eine Wirkung kann über klassische Studien bisher nicht nachgewiesen werden; doch viele Millionen Menschen vertrauen allein in Deutschland diesem Heilverfahren. Sie sehen einen Nutzen bei sich und ihren Kindern. Da spielt es dann keine Rolle, ob dieser wissenschaftlich nachweisbar ist oder nicht. Solange die Kunden einen Nutzen wahrnehmen, prallt die Kritik ab und der Markt wächst und wächst. Allein von 1993 bis 2009 haben sich rund 7000 klassische Ärzte (+ 203 Prozent) im Bereich Homöopathie zusätzlich ausbilden lassen und sind damit der Nachfrage gefolgt. Wurden 1995 mit homöopathischen Mitteln etwa 148 Millionen Euro Umsatz in Deutschland gemacht, so waren es zehn Jahre später bereits 267,8 Millionen Euro.[6]

Ungeachtet der umstrittenen Wirksamkeit können wir mit Blick auf das Marketing festhalten: Vielleicht nehmen sich Homöopathen mehr Zeit für ihre Patienten als die fünf Minuten ihrer Kollegen der klassischen Medizin (= Marketing), vielleicht ist die Zielgruppe für die sanftere Behandlungsphilosophie empfänglicher (= Marketing), vielleicht behandeln Homöopathen ihre Patienten wie Menschen und nicht wie den »Blinddarm auf Zimmer 5« (= Marketing). Wenn der Kunde mit all seinen Bedürfnissen im Mittelpunkt steht, seine Probleme nutzenorientiert gelöst werden und er diese Lösung (emotional) immer wieder aufs Neue erlebt, ist für die Kundenbindung nicht viel Marktkommunikation nötig.

Die einfache Formel lautet also:
Topangebot + 4e-Marketing = Toperfolg

Ich kann es nicht oft genug sagen: Marketing ist schwierig, wenn das Angebot durchschnittlich ist. Ist Ihr Marketing trotz Engagement nicht von ausreichend Erfolg gekrönt, dann optimieren Sie unbedingt zunächst Ihr Angebot, bevor Sie weiter Marketingkommunikation betreiben. Dafür erhalten Sie im nächsten Kapitel einige wichtige Anregungen.

---

6 Die Angaben entstammen einem Artikel aus Focus online, 2010.

3. Einfach geniale Angebote entwickeln

Die Geheimnisse weltweiter Topseller

Sie alle kennen Marken, die seit Jahren die Ranking-Listen anführen: Coca-Cola, IBM, Microsoft, GE, Nokia, McDonald's, Apple, Google, Disney usw. Diese Markenbekanntheit hat dazu geführt, dass die Produkte hinter den Marken ebenfalls seit Jahren Bestseller sind. Oder haben die Produkte dazu geführt, dass die entsprechende Marke eine so hohe Akzeptanz erfährt? Hier treffen wir wieder auf die Ente und das Ei. Die Marke ist in diesem Beispiel die Ente, die immer wieder goldene Eier legt. Wird die Ente nicht gepflegt, gibt es seltener goldene Eier. Das wissen die Unternehmen mit den großen Marken und definieren ihre Marken in detaillierter Kleinarbeit auf Hunderten von Seiten. Dieses Markenkonzept dient dann quasi als Bibel.

Was sind nun im Kern die Geheimnisse großer Marken und wie konnten sie so groß und bekannt werden?

Markendefinition: Große Marken überlassen nichts dem Zufall. Alles, was in der Entwicklung, Produktion, im Marketing oder Verkauf bzw. in der Kommunikation des Unternehmens passiert, wurde vorher gründlich durchdacht und mit der detaillierten Markendefinition abgestimmt. Als ich das erste Mal mit dem Disney-Konzern ins Geschäft kam, hatte der Vertrag über dreißig Seiten, davon ungefähr die Hälfte dazu, was ich mit der Marke Disney tun und nicht tun durfte, inklusive harte Regelungen für den Fall, dass ich dagegen verstoße würde. Verliert Disney dadurch Interessenten? Ja. Doch das kann Disney sich leisten, denn der Verlust von Kunden, die bei den Markenregeln nicht mitspielen, birgt weniger Risiken als die eventuelle Beschädigung der wertvollen Marke. Empfehle ich Ihnen als Mittelständler oder Kleinunternehmer ein solches Vorgehen? Nein – das wäre Quatsch. Aber den Grundgedanken bzw. die Light-Version davon sollten Sie übernehmen.

Markenstrategie: Regelmäßig sitzen in großen Markenkonzernen Teams aus Geschäftsführung, Marketing, Verkauf usw. zusammen, um Angebot, Kommunikationsmittel und Kommunikationsmaßnahmen daraufhin zu überprüfen, ob sie den Markenwert erhöhen oder ihm schaden könnten. Diese Strategien beinhalten natürlich auch und vor allem die Unternehmensziele, den Wettbewerb u. v. m. Aber kein Flyer, kein Mailing, keine Website, kein Eventprojekt wird freigegeben, wenn die Markenvorgaben nicht erfüllt sind. Keine Strategie wird verabschiedet, wenn nicht auch der Beitrag zur Markenwertsteigerung geprüft ist. Auch hier gilt, dass dieses Vorgehen für Mittelständler oder Kleinunternehmer nicht eins zu eins übertragbar ist, dass aber der Grundgedanke durchaus berücksichtigt werden sollte. Sie sind ein wendiges Sportboot und kein mächtiges Kreuzfahrtschiff? Sie müssen schnell reagieren und entscheiden, im Zweifel auch mal abwägen, ob ein umsatz- und gewinnträchtiges Projekt durchgeführt wird, obwohl es nicht hundertprozentig Ihrem gewünschten Image entspricht? Ich erhielt einmal eine Auftragsanfrage von einer Firma, die Treibladungspulver für Munition herstellt. Da kommen Sie schon ins Grübeln, ob Sie einen solchen Auftrag mit Ihren ethischen Vorstellungen vereinbaren können.

Markenkonsequenz: Wie soeben schon angedeutet, machen große Marken keine Ausnahmen. Und wenn, dann nur im absolut isolierten, nichtöffentlichen Raum und gegebenenfalls unter einem anderen Markennamen. Alles, buchstäblich alles, läuft in diesen Konzernen durch den Markenfilter. Eventagenturen, die beispielsweise für Red Bull Sportevents konzipieren oder veranstalten, müssen in deren Markenwelt mit allen Dos und Don'ts leben, ähnlich wie die bei Red Bull angestellten Mitarbeiter. Ausnahmen werden nicht geduldet. Kommen sie trotzdem vor? Ja, allerdings immer unter der scharfen Abwägung aller Vor- und Nachteile. Mittelständler und Kleinunternehmer müssen nicht ganz so hart sein; bei ihnen darf gelten: Ausnahmen bestätigen die Regel.

Aus den drei Kerngeheimnissen bekannter Topseller entstehen Markenvertrauen, Markentreue und Markenwert. Mein Unternehmen, experts4events, arbeitet für große internationale Marken, und ich darf Ihnen aus dem Nähkästchen verraten: Wenn wir mit den Abteilungen dieser Markenunternehmen zusammenarbeiten, bezweifeln wir bisweilen, ob die Marken von den Mitarbeitern wirklich immer gelebt werden. Wenn dann aber das Ergebnis, zum Beispiel bei einem Event, zu sehen ist, erstaunt es mich immer wieder, wie markentreu alle Details am Ende doch realisiert wurden. Die Filter funktionieren zu einem großen Prozentsatz auch unbewusst, und das ist das Ergebnis einer klaren, kommunizierten Markendefinition, einer darauf aufbauenden Markenstrategie und einer teils beinharten Markenkonsequenz.

Dass große Konzerne wie beispielsweise BMW mit dem Markenkern »Freude« (Claim: »Freude am Fahren«) ihre Marke nach diesen Geheimnissen aufwendig pflegen und schützen müssen, leuchtet jedem ein. Dort arbeiten enorm viele Akteure an vielen Projekten, die einen Handlungsrahmen benötigen. Dass kleine Unternehmen oder gar Einzelkämpfer im Aufbau nicht so genau agieren müssen und dürfen wie die großen Marken, klang schon an. Das heißt im Klartext, ähnlich zu denken und zu handeln wie die Großen, aber mit bescheideneren Mitteln. Ich würde bei kleinen Unternehmen auch weniger von einer Marke sprechen als von Reputationsmanagement.

Ansehen ist der große Wert, der nicht nur bei Produkten, sondern vor allem bei Dienstleistungen eine große Rolle spielt, wenn der Kunde sich für einen Anbieter entscheidet. Wenn ein Unternehmen eins nicht verlieren darf, ist es sein Ansehen. Und bei diesem Ansehen geht es vor allem um Glaubwürdigkeit.

Kleine und mittlere Unternehmen sollten die folgenden sieben einfachen Felder beachten, die für die Reputation maßgeblich sind:

1. Gründe, Werte und Attribute: Bitte nehmen Sie sich mit Ihrem Team und idealerweise einem externen Vertrauten (der keine Scheuklappen hat) einen Tag Zeit und beantworten Sie diese Fragen, um zu einer kompakten Beschreibung Ihres Unternehmens zu gelangen:

a) *Warum sind Sie unternehmerisch tätig?* Hier sollten Sie in sich gehen und über die wahren Gründe nachdenken, warum Sie als Unternehmen auf dieser Welt und in diesem Markt sind. Ob Sie das Ergebnis daraus Moral, Mission, Vision oder einfach Antrieb nennen, ist weniger wichtig als das, was Sie hier aufschreiben: denn es wird Einfluss darauf haben, was Sie zukünftig entwickeln und anbieten, auch wie Sie das tun. Es geht später mit ein in Ihren Businessplan.

b) *Welche fünf bis zehn Werte spielen bei Ihrem unternehmerischen Handeln die größte Rolle?* Es geht hier mehr um das *Wie* Ihres unternehmerischen Handelns und Entscheidens. Verwenden Sie Wertebegriffe wie Verantwortung, Herzlichkeit, Sinn, Humor, Freude, Leidenschaft, Loyalität, Sicherheit, Spiritualität, Großzügigkeit, Nachhaltigkeit, Begeisterung, Tradition, Kompetenz, Genuss, Kommunikation, Zuverlässigkeit, Ordnung, Kreativität, Provokation, Schönheit ... Wertelisten finden Sie im Internet.

c) *Wie wollen Sie gesehen werden?* Nachdem Sie sich im Rahmen der ersten zwei Fragen schon intensiv mit Ihrem Unternehmen auseinandergesetzt haben, ist es nun meist sehr leicht, in einigen Sätzen zu beschreiben, wie Ihre Mitarbeiter, Ihre Kunden und Ihre Partner Sie als Unternehmen erleben und sehen sollen. Überlegen Sie auch, wie Ihre Sprache und Ihre Texte von außen wahrgenommen werden sollen, wie Sie also kommunizieren wollen. Das Ergebnis können Sie nicht nur intern nutzen, sondern vor allem für Ihre Helfer in Sachen Presse und Öffentlichkeitsarbeit.

2. Firmenname: Firmierungen wie Hans Müller GmbH und HIJK AG sind out, während gut merkbare Kunstnamen wie Google, Facebook oder Apple im Trend sind, insbesondere wenn sie noch einen erkennbaren Wortbestandteil mitkommunizieren, der auf das Tätigkeitsfeld und/oder den Nutzen hinweist. Beispiele sind Bionade GmbH, Air Berlin KG, Volkswagen AG, Allianz Versicherungs AG, experts4events oder Zukunftsinstitut GmbH. Menschen möchten beim Lesen eines Firmennamens eine Schublade aufmachen können, um das Unternehmen einzuordnen.

3. Claim: Insbesondere wenn der Firmenname weder das Tätigkeitsfeld noch den Nutzen kommuniziert, sollte ihm ein Claim beigestellt werden, also eine Art Slogan. Eines der bekanntesten Beispiele ist: »Nokia – connecting people!« Der Qualitätsexperte Markus Weidner ergänzt seine originelle Marke »Qnigge« mit dem Claim »Freude an Qualität«, denn Qualitätsmanagement ist für viele staubtrocken. Für mein eigenes Unternehmen heißt der Slogan: »experts4events – meet your clients!« Beim Claim kommt es darauf an, dass er möglichst kurz und knackig ist und einen Schuss Originalität aufweist. Claims zu entwickeln, ist nicht einfach und setzt Erfahrung voraus. Ich empfehle hier, bei Bedarf einen erfahrenen Markenexperten oder Texter einzuschalten.

4. Logo: Die Entwicklung eines Logos bietet Raum für grenzenlose Kreativität. Und da Geschmäcker bekanntlich verschieden sind, ist das Finden eines passenden Logos umso schwieriger. Die meisten guten Logos, die ich kenne, bestehen aus einem oder mehreren Buchstaben, einem Bild oder auch aus einer Kombination dieser Elemente und spiegeln über Farben, Formen, Schriftarten etc. das Gesamtkonzept des Corporate Designs wie auch die Werte des Unternehmens wider. Das Blau des Logos der Deutschen Bank steht unter anderem für Seriosität und Vertrauen, das Quadrat für Sicherheit und kontinuierliches Umfeld, der Schrägstrich im Quadrat für kontinuierliches Wachstum und dynamische Entwicklung. Insgesamt ist es einfach und dennoch plakativ. Es ist markant, unverwechselbar, zeitlos und vielseitig anwendbar. Das Deutsche-Bank-Logo zeigt, dass es keines Genies bedarf, um ein universelles Logo zu erhalten. Weniger ist auch hier sehr häufig mehr. Um ein gutes, prägnantes Unternehmenslogo mit Wiedererkennungswert zu bekommen, sollten Sie auf eine erfahrene Grafikagentur zurückgreifen. Lassen Sie sich bei der Auswahl der Agentur die dort bisher erstellten Logos oder Gesamtkonzepte für das Corporate Design (Briefpapier, Visitenkarten, Homepage ...) zeigen.

5. Key-Visual: Ein Bild für das Unternehmen als Ganzes oder für ein bestimmtes Produkt als Eyecatcher in der Außenkommunikation ist – wenn es für den Betrachter eine zusätzliche Information liefert oder bestimmte Emotionen transportiert – ein sehr hilfreiches Tool und kann die Marke sogar stark bestimmen. Wer kennt nicht die lila Kuh von Milka, den Bären von Bärenmarke, das Michelin-Männchen oder den kleinen roten Bären von Zeit-Management-Papst Lothar J. Seiwert? Ein Key-Visual ist kein Muss, aber wenn Sie eine richtig gute Idee haben, die zusätzlich Aufmerksamkeit schafft, die Attraktivität erhöht oder Vertrauen aufbaut, do it!

6. Design: Wer die Farbe Magenta sieht, denkt sofort an die Deutsche Telekom AG. Wenn Sie sich bei einem Volkswagen-Spot nur die Texte anschauen, verrät Ihnen schon die Schriftart, dass es ein Volkswagen sein muss. Und es hat einen Grund, warum Porsche Schwarz, BMW Blau-Weiß und Ferrari Rot als Hauptfarbe verwendet. Farben vermitteln in einer mehr oder weniger stimulierenden, dominierenden oder ausbalancierten Art Botschaften. – Dass also etwa Ferrari Rot als Hauptfarbe gewählt hat, verwundert nicht, denn mehr Dominanz als mit diesem Rot können Sie kaum ausdrücken. Auch die Formen, Bilderwelten und Schriftarten fördern oder mildern Dominanz oder Balance. Ihre Grafikagentur wird auf der Basis Ihrer Werte und besonderen Merkmale eine entsprechende Wahl treffen.

7. Ihre 4e-Nutzenversprechen: einfach, einzigartig, emotional und effizient. Mit Ihrer Unique Selling Proposition (USP) oder Ihrem Alleinstellungsmerkmal wollen Sie Ihrem Kunden etwas bieten, nämlich einen Nutzen oder Mehrwert, der sich von anderen deutlich unterscheidet, mindestens dadurch, dass Ihre Leistung weitaus mehr bringt als sie kostet (Effizienz). Das soll der Kunde schnell verstehen (einfach). Dabei zählt das Was genauso wie das Wie (emotional). Wenn Sie ein Mercedes-Händler sind, sind Ihre Produkte und Leistungen vom Autohersteller größtenteils vorgegeben. Ihr besonderes Nutzenangebot können Sie im Wesentlichen über Qualität, Service, Zeit und – wenn Sie es über die ersten drei nicht machen können – den Preis entwickeln. Abhol- und Rückfahrservice, Ersatzwagenservice, Quick-Check-in usw. wären mögliche USPs, je außergewöhnlicher und kundenbedarfsorientierter, umso besser.

Diese sieben Punkte zu bearbeiten und immer wieder zu überarbeiten, erfordert Zeit, Engagement und viel Kreativität. Es geht aber nicht darum, eine Markendefinition von hundert Seiten zu verfassen, sondern um fünf bis zehn Seiten, auf denen Ihre Leitlinien fürs Denken und Handeln dargelegt werden.

Wenn Sie sich mit Ihrem Team und Ihrer Grafikagentur zusammensetzen, um über diese Fragen zu diskutieren, sollten Sie

- einen Kunden aus Pappe aufstellen und ihn sich mit allen Erwartungen und Eigenschaften stets vor Augen halten und
- eine Pinnwand mit allen Logos Ihrer Wettbewerber aufstellen, um sich davon zielführend abzugrenzen.

Die Topseller sind keine Zauberer. Sie arbeiten sehr konsequent daran, permanent Anerkennung für ihr Angebot zu bekommen. Diese Anerkennung basiert auf Zufriedenheit oder Begeisterung des Kunden. Wenn Sie nun die angeführten sieben Punkte für zu kompliziert oder umständlich halten, dann habe ich eine gute Nachricht für Sie: Wenn Ihr Angebot richtig gut ist, müssen Sie nicht immer alle sieben Punkte des Reputationsaufbaus sauber umsetzen, um die gewünschten Umsätze zu machen. Das zeigen zahlreiche Beispiele aus der Praxis, so etwa die eingangs erwähnten Experten Vera F. Birkenbihl und Samy Molcho. Wer sich die erste Website von Twitter, die Startjahre von BMW oder anderen großen Marken anschaut, kann sich kaum vorstellen, dass daraus Weltmarken geworden sind. Andererseits: Wenn Sie die sieben Felder der Reputation von Anfang an bearbeiten, erhöhen Sie definitiv Ihre Erfolgschancen und verkürzen die Zeitspanne bis zum Erfolg!

Was macht ein Angebot »sexy«?

Cindy Crawford, US-amerikanisches Model, antwortete auf die Frage nach den Ursachen für ihren Erfolg: »Ich bin ein Produkt, das jeder will.« Ich kenne allerdings auch Männer, die eher zu Heidi Klum tendieren. Ist Cindy Crawford also sexy? Für enorm viele ihrer Zielgruppe mit Sicherheit. Für alle nicht.

Warum werden eigentlich nicht alle Models der TV-Serie »Germanys next Topmodel« erfolgreich? Alle sind doch für den einen oder anderen ausgesprochen hübsch oder sexy. Die Erfolgreichen einer Branche trommeln natürlich überdurchschnittlich, aber die Champions League der Erfolgreichen hat klare Produktkriterien, um in der oberen Liga überhaupt mitspielen zu dürfen. Wie machen sich also Cindy Crawford und Co. als Produkt rundherum sexy? Im Wesentlichen sind es:

a) **Innere Werte:** Das sind bei Personen die Einstellung, die Werte, die Persönlichkeit, die Aura, das Charisma. Bei Produkten zählen der Geschmack, die einwandfreie Technik, die Inhalte, beste Zutaten usw.

b) Äußere Werte: Personen glänzen hier mit verbaler und nonverbaler Sprache als Ausdruck der inneren Werte, mit Kleidung, Umgangsformen usw. Bei Produkten sind dies die Verpackung, Farben, Formen, Material, Glanz …

c) Leidenschaft: Unabhängig von Person oder Produkt: Es muss knistern, prickeln, emotional begeistern. Erzeugen Sie oder Ihr Produkt Gänsehaut? Spürt der Interessent oder Kunde das Feuer der Begeisterung für das, was Sie tun? Wer nicht selbst brennt für das, was er tut oder bietet, tut sich schwer, andere zu überzeugen.

d) Inszenierung: Moderne Operninszenierungen leben heutzutage von der Schlichtheit und der Leere. Kritikern gefällt's, der breiten Masse meiner Beobachtung nach nicht. Zuschauer wollen den Opernsänger in dem Umfeld sehen, das er besingt. Durchaus modern, aber eben nicht zu modern. Wie treten Sie auf? Welches Umfeld nimmt der Kunde wahr, wenn er Sie trifft? In welchem Umfeld wird Ihr Produkt (im Laden) erlebt? Liegt das Buch in der Buchhandlung auf dem Tisch oder steht es im Regal, trägt eine Schaufensterpuppe die Lederjacke oder hängt sie unauffällig am Ständer? Wie sieht Ihr Auftritt aus?

e) Kompetenz und Nutzen: Doch alle inneren und äußeren Werte von Cindy Crawford, alle Leidenschaft und Inszenierung nützten nichts, wenn sie auf dem Laufsteg ginge wie ich auf dem Bürgersteig, wenn sie womöglich stolperte oder ihre Mimik und Gestik nicht unter Kontrolle hätte. All diese Dinge aber hat sie durch jahrelanges Proben gelernt – das ist ihr willkommener Nutzen für die Modebranche.

Gefordert sind also harte Arbeit, Kreativität, Innovation und Qualität. Und ich habe nur selten erlebt, dass eine sexy Angebotsgestaltung nur auf rein internen Ressourcen beruht. Für diese Prozesse empfiehlt es sich immer, externen Rat von Produktdesignern, Textern, Verpackungsspezialisten zu holen. Zu teuer? Bitte lesen Sie noch mal Kapitel 2 über die Denke der erfolgreichsten Unternehmer!

Beispiel

Wer hat es geschafft, all diese Anforderungen umzusetzen? Nun, zum Beispiel der unglaubliche Milliardär Richard Branson. Er ist auch ein Beispiel für einen ver-rückten Unternehmer, der trotzdem oder gerade deswegen Vertrauen schafft. Seine Marke heißt »Virgin«, seine Biografie *Losing my Virginity*. Alles ist Virgin bei ihm. So auch das Projekt Virgin Galactic:

Mit einem Flugkatamaran soll das Raumflugzeug »Space-Ship-Two« auf über fünfzehn Kilometer Höhe getragen und dort in grenzenlose Freiheit entlassen werden, worauf es mit dreifacher Schallgeschwindigkeit auf ca. 110 Kilometer Höhe steigen wird. Dieser Steigflug dauert nur 90 Sekunden, bis absolute Ruhe, Schweben, schwereloser Stillstand eintritt: für nur vier Minuten. Sechs Passagiere pro Flug sehen dann durch Bullaugen den blauen Planeten und zahlen dafür mehrere Hunderttausend US-Dollar. Das Projekt ist noch in der Planungsphase, doch Hunderte haben schon vor dem erstem Flug gebucht. Nur ungefähr 450 Menschen waren bisher überhaupt als Astronauten unterwegs – in 45 Jahren bemannter Raumfahrt. Mit Virgin Galactic, finanziert über Richard Bransons Privatvermögen und Beteiligungen, wird jeder Passagier ein Astronaut sein, denn als solcher gilt, wer einmal auf einer Flughöhe von mehr als 100 Kilometern gewesen ist. Was für ein Angebot! Und Branson kommuniziert meines Wissens fast ausschließlich über Pressemeldungen, die gern gedruckt werden, weil sie einfach hochinteressant sind. Sind Sie auch interessant? Haben Sie ein »sexy« Angebot, ein außergewöhnliches Angebot?

Das Walt-Disney-Prinzip: Coole Ideen entwickeln

Woher gute Ideen nehmen, wenn nicht stehlen? Nun, in fast allen Branchen gibt es die Vordenker, Vorreiter – diejenigen, die in Sachen Kreativität und Innovation immer eine oder mehrere Nasenlängen voraus sind und dann auch imitiert werden.

Es ist eine der wichtigsten Aufgaben der Geschäftsführung, dafür zu sorgen, dass das Unternehmen Produkte und Prozesse ständig innoviert. Stillstand heißt Rückschritt. Oder man wird vom Wettbewerb überholt, was auf dasselbe hinausläuft. Aber wie geht das nun, ständig innovativ zu sein?

Erlauben Sie mir zunächst eine allgemeine Frage an Sie: Wir sind uns sicher sehr schnell einig, dass die drei Unternehmensbestandteile

- Produkte
- Kunden
- Mitarbeiter

allesamt unverzichtbar und elementar für den Unternehmenserfolg sind. Aber welches der drei Elemente ist am allerallerwichtigsten? Erstellen Sie bitte jetzt eine Rangliste!

Was meinen Sie? Sind es die Kunden, die entscheiden, da sie am Ende kaufen und den Umsatz erzeugen? So denken meistens das Marketing und der Vertrieb. Oder sind es die Produkte, weil sie über Wettbewerbsfähigkeit und Attraktivität entscheiden und darüber, ob Kunden am Ende kaufen? So denken meist die Verantwortlichen im Bereich Entwicklung und Produktion. Oder sind es die Mitarbeiter? So denken mindestens Personalwesen und gute Topmanager.

Wenn ich diese Frage in meinen Seminaren oder Coachings stelle, beginnen meist heftige Diskussionen. Und das Interessante daran ist, dass ich fast keinem Diskussionsbeitrag widersprechen kann, denn die Wichtigkeit aller drei Elemente liegt eben sehr nah beieinander. Doch wenn ich dann die Schlüsselfrage stelle: Wer macht eigentlich die Produkte und wer sucht die Kunden? Dann wird meistens schnell klar, dass an oberster Stelle die Human Resources stehen, das heißt konkret die Innovationskraft und (Außen-)Kommunikationsfähigkeit der Mitarbeiter. Ein Unternehmen wird in der Regel auch nicht mit Kunden oder Produkten gegründet. Sondern da ist zumindest erst mal ein Mitarbeiter, der Gründer und Chef. Auch er ist Mitarbeiter, *der* Mitarbeiter. Kopf des Unternehmens, Lenker, Leiter, Vordenker, Taktgeber. Mitarbeiter kreieren Produkte für ihre Kunden. In dieser Reihenfolge. Innovation und Kreativität sind dabei ständige Begleiter.

Die Geschichte eines internationalen Konzerns spiegelt diese Priorisierung auch sehr schön wider. Wenn es ein Unternehmen gibt, das seit Jahrzehnten für ständige Produkt- und Prozessinnovation steht, ist es der Disney-Konzern. Was Walt Disney mit seinem Bruder Roy und seinem Team geschaffen hat, war und ist eine Innovationsmaschine. Ich stelle Ihnen hier meine für einfaches Marketing und hochkarätige Innovationskraft wichtigsten Erkenntnisse aus der Zusammenarbeit mit dem Disney Institute vor.

Beispiel

Walt Disney wuchs auf wie viele Kinder seiner Zeit in den Staaten: in teilweise sehr ärmlichen und schwierigen Verhältnissen. Und vermutlich gerade wegen dieser nicht einfachen Kindheit wurden viele später sehr erfolgreiche Unternehmer, denn sie hatten gelernt, hart zu arbeiten und immer wieder aufzustehen, wenn sie hingefallen waren. In seiner Jugend musste Walt als Zeitungsjunge und mit Verkaufsjobs Geld für die Familie mitverdienen. Schon früh interessierte er sich für Kameras, Kunst und Zeichnen, insbesondere für Cartoons, wobei er allerdings wohl ahnte, dass er vermutlich nicht der beste Zeichner werden würde. Doch sein Ideenreichtum und seine Kreativität in diesem Bereich waren grenzenlos.

Als er nach dem Ersten Weltkrieg von Europa nach Kansas City zurückkam, eröffnete er bald sein erstes Zeichenstudio. Erste Zeichentrickfiguren entstanden, aber der Erfolg wollte sich nicht gleich einstellen. Nach einem Wechsel in die Traumfabrik Hollywood kamen die ersten richtigen Kontakte und Geschäfte. Eingehende Umsätze investierte er fast vollständig in neue Projekte und vor allem in talentierte Zeichner und Köpfe, allen voran Ub Iwerks, dem späteren Zeichner von Mickey Mouse. Als Walt Disney die ersten Zehn-Minuten-Filme in öffentliche Kinos brachte, wurde er attackiert, weil man befürchtete, dass dies die Kinobesucher blind machen würde. Aber er machte weiter, denn er sah in seinem Traum Kinos, in denen eineinhalbstündige Filme liefen. Leider kam es zum Streit mit seinem damaligen Vertriebspartner und Walt Disney musste von vorne beginnen. Auf einer Zugfahrt kam ihm die Idee zu einer Maus. Viele Tiere waren schon zu Cartoons verarbeitet, eine Maus aber noch nicht an prominenter Stelle. Er lieferte die Persönlichkeit, zusammen mit Ub Iwerks entstanden die ersten Zeichnungen zur Mouse. Nach einem Prototypen kam mit *Steamboat Mickey* der erste Bewegtfilm in die Kinos. Es war der erste Film, in dem eine Zeichentrickfigur überhaupt sprechend und singend zu sehen war. Walt Disney erntete zunächst sehr verhaltene Reaktionen, doch ein Agent war begeistert und brachte den Ball ins Rollen. Bald lief der Film mit großem Erfolg in den größten Kinos. Kurz darauf machte Disney seinen Chefzeichner Ub Iwerks zum Teilhaber der Firma. Zudem vergrößerte er seine Zeichen- und Kreativteams bis zum Kostenlimit und feilte Tag und Nacht an der technischen Perfektion. Häufig spielten neue Filme die Herstellungskosten erst im zweiten Jahr ein und Mittel waren stets knapp. Disney arbeitete bis zur körperlichen Erschöpfung und trieb auch seine Mitarbeiter immer weiter an. Mitte der 1930er-Jahre hatte das Disney-Zeichentrickfilmstudio etwa

750 Beschäftigte und war das größte seiner Art. Als das Unternehmen mit einer Stellenanzeige zwei Zeichner suchten, erhielt es über 1000 Bewerbungen.

Disneys Meinung galt als Gesetz, und als er das Ende der kurzen Trickfilme prognostizierte, forderte er seine Mitarbeiter auf, einen langen, abendfüllenden Trickfilm zu produzieren. Alle meinten damals, das wäre für die Augen und die Nerven der Zuschauer viel zu viel. Disney hingegen glaubte weiter an seine Idee und fing an. *Schneewittchen* war das erste Projekt und wurde schließlich zu einem riesigen Erfolg. Die Entwicklung dieses Films hatte allerdings über drei Jahre gedauert und damals unvorstellbare 1,75 Millionen Dollar gekostet.

Einige weitere Filme folgen, bis der Zweite Weltkrieg die hochfliegenden Pläne zunichte machte. Kreditzusagen für neue Projekte kamen zögerlich, Mitarbeiter gingen, verloren den Glauben an Disney und stießen Firmenpapiere ab. Erfolglosere Projekte führten sogar dazu, dass Kritiker, die Walt Disney immer wohlgesinnt waren, sich abwandten. Die Konkurrenz überholte.

Doch nach dem Zweiten Weltkrieg sollte sich das Blatt wieder schnell wenden. *Cinderella* war als Film der erste große weitere Erfolg und das Disney-Studio kam aus den roten Zahlen. Das nächste Auf begann. *Peter Pan* war der künstlerische Höhepunkt dieser Nachkriegszeit. Mit ihm kam das Fernsehen als wichtiger Multiplikator. Mit dem Fernsehen konnte Walt auch seine nächste Vision angehen: den ersten Freizeitpark »Disneyland«, in einer Zeit, in der andere traditionelle Vergnügungsparks aufgrund mangelnder Nachfrage schlossen. Keiner konnte sich für Walt Disneys Idee begeistern, auch viele Banken nicht, worauf er sich entschloss, in größerem Umfang auch privates Vermögen zu investieren. Schließlich machte er sich an seine größte Vision: Walt Disney World in Orlando, Florida, ein gigantisches Areal mit Parks, Hotels und allen erdenklichen Freizeiteinrichtungen. Leider starb Disney kurz nach dem Baubeginn in Florida, doch sein Unternehmen arbeitet bis heute wie eine perfekt funktionierende Maschine nach seiner Philosophie weiter.

Walt Disney selbst beschrieb seine Rolle einmal so: »Manchmal komme ich mir vor wie eine kleine Biene. Ich gehe von einer Abteilung des Studios zur anderen und sammle Blütenstaub und stimuliere gewissermaßen jedermann.«[7]

Walt Disney war immer ein Pionier, er konnte nicht stillstehen. Entweder er entwickelte etwas Bestehendes bis zur Reife weiter oder er erfand etwas Neues. Er schuf den ersten Zeichentrickfilm mit Ton, er schuf die Verbindung von Zeichentrick, Farbe und Ton. Er produzierte den ersten langen Zeichentrickfilm. Er entwickelte die Multiplan-Kamera, perfektionierte die Zeichentricktechnik, mischte Spiel- und Zeichentrickfilm wie auch Dokumentar- und Spielfilm, eroberte das Fernsehen, experimentierte mit 3-D-Film, entwickelte eine 360°-Rundprojektion, suchte die Perfektion der Audio-Animatronics-Figuren und gestaltete das aufstrebende Fernsehen elementar mit. Um all das zu erreichen, kultivierte er Perfektionismus und Leistungsbereitschaft. Walt Disney hatte Visionen, Weitblick und Begeisterung für sein Metier – er setzte seine Ideen gegen alle Widerstände, auch seines Bruders, konsequent durch. Auch ohne Rücksicht auf Kosten. Er bewies eine wirklich hohe Risikobereitschaft. Hatte er recht? Ja. Hätte er alles verlieren können? Ja. Hätte er mit seiner Unternehmereinstellung immer wieder Erfolg gehabt – sicher!

Parallelen zu Warren Buffett treten hier deutlich zutage, aber auch zu Thomas Alva Edison, Werner von Siemens oder Ferdinand Porsche, in mancher Hinsicht auch zu Bill Gates, Larry Page und Sergey Brin (Google), Mark Zuckerberg (Facebook) usw. Wir erinnern uns: Disney kam aus ärmlichen Verhältnissen, musste schon als Kind Geld verdienen, wurde von einer echten Leidenschaft getrieben, wurde ein ausgemachter Experte, fing klein an (die berühmte »Garage«), stieg in eine relativ junge Branche bzw. Technologie ein und war schnell Taktgeber und Mittelpunkt, dachte in denselben Bahnen wie seine Kunden, holte sich kompetente Hilfe, riskierte stets viel für die Erreichung seiner Ziele und Visionen, investierte gerade in den Anfangsjahren fast alles, glaubte an sich und die Menschen um sich herum, war diszipliniert, fleißig, ein Besessener.

---

7 Vgl. Cockerell, Lee: Creating Magic. 10 Common Sense Leader Strategies from a Life at Disney, New York 2008. Vgl. das Vorwort von Michael D. Eisner in: Disney Institute (Hg.): Be our Guest. Perfecting the Art of Customer Service, New York 2001.

Aber viel wichtiger für dieses Kapitel: Charakteristisch für Walt Disney war es, sich mit dem Vorhandenen nicht zufriedenzugeben, immer querzudenken, andere herauszufordern und sich von Ablehnung nicht beeindrucken zu lassen. Nicht zuletzt deshalb musste er mehr Niederlagen einstecken als andere Unternehmer. Doch jedes Nein war für ihn Ansporn, aufzustehen und weiterzumachen.

Selbst nach dem Tod von Walt Disney am 15. Dezember 1966 hat das Unternehmen nicht an Innovationskraft verloren und das gilt bis heute. Dieser internationale Großkonzern zieht mit Hunderten von neuen Produkten und Angeboten jedes Jahr Familien von Sibirien bis Chile in seinen Bann. Wie ist das möglich, dass ein Unternehmen wie Disney, Siemens oder Porsche auch nach dem Tod oder nach dem Ausscheiden seines Gründers weiter so erfolgreich und innovativ bleibt? Disney beschreibt das Unternehmenskonzept so: »Business Excellence – Inspiring Creativity!«

Schauen wir uns an, was das für kleinere Unternehmenseinheiten bedeutet. Bob Iger, President und CEO der Walt Disney Company, erklärt:

»Kreativität ist keine Wissenschaft. Es geht darum, sinnvolle Risiken einzugehen, Fehler zu tolerieren, Grenzen zu respektieren und – am allerwichtigsten – die richtigen Menschen am richtigen Platz zu haben, die die richtigen Entscheidungen treffen.«

Für Disney ist Kreativität das kollektive Finden, Analysieren und Implementieren von neuen Ideen. Operationalisiert heißt das: Eine engagierte, verantwortungsvolle, inspirierende Führungskraft entwickelt eine kreative Gemeinschaftskultur von Mitarbeitern, die innovative Produkte und Dienstleistungen schaffen, um das Unternehmen mit einem einzigartigen Wettbewerbsvorteil und entsprechendem finanziellen Ergebnis auszustatten. Und das bedeutet für Sie:

1. Sie benötigen im Unternehmen erst mal ein **Umfeld**, in dem Mitarbeiter sich wohlfühlen und darin bestärkt werden, Ideen vorzutragen und die Ideen anderer zu analysieren. Kritik an einzelnen Ideen darf auf keinen Fall zur Kritik an Personen werden. Fehlertoleranz ist ein Beschleu-

niger genauso wie die Bereitschaft, alles konstruktiv infrage stellen und »zerstören«, also abschaffen zu dürfen.

2. Unabdingbar ist zudem eine klare **Unternehmensidentität**. Woher kommt Ihr Unternehmen, wohin will es? Wenn Sie ein Mitglied des Disney-Ensembles (»cast member«, den Begriff »Mitarbeiter« gibt es bei Disney nicht) um drei Uhr nachts aufwecken und es fragen, was es seinen Gästen (»guests«, den Begriff »Kunden« gibt es auch nicht) bieten kann, kommt wie aus der Pistole geschossen: »We create happiness by providing the finest in entertainment for people of all ages, everywhere.«

Disneys Ensemblemitglieder kennen die Vision und abgeleitete Hauptziele (das, was angestrebt wird), die Mission (den Auftrag, also das, was getan werden muss, um die Vision zu erreichen), ihre Kunden (von denen ihre Existenz abhängt) und deren »Emotionen« (das, was ihre Kunden bei und mit ihnen fühlen sollen).

3. Sie und Ihre Mitarbeiter brauchen darüber hinaus ein fest implementiertes **Innovationssystem** im Unternehmen. Dieses umfasst zwei wesentliche Komponenten:

- Kreativitätstechniken: Alles ist erlaubt. Von den verschiedenen Techniken des Brainstormings bis hin zu Storyboard-Methoden.
- Kontinuierlicher Innovationsprozess: Mithilfe der Kreativitätstechniken werden für Produkte und Prozesse Möglichkeiten der Verbesserung und Weiterentwicklung gesucht. Das kann beispielsweise im Rahmen eines Jour fixe passieren, wobei Innovation allerdings nicht über feste, regelmäßige Termine allein planbar ist. Darüber hinaus gehört zum kontinuierlichen Innovationsprozess auch der Implementierungsteil: Nach dem »Zuhören, Lernen und Weiterspinnen« folgt ein Einführen, Messen, Optimieren, Loslassen und Feiern sowie Teilen (der Freude und Erfahrungen mit anderen im Unternehmen).

4. Sie benötigen **Führungskräfte**, die diese drei Elemente eines kontinuierlichen Innovationsprozesses gewährleisten. Diese sollen Mitarbeiter nicht zu Innovationen antreiben, sondern mit den drei Elementen sicherstellen, dass diese selbstmotiviert aktiv werden. Führungskräfte sollten den Innovationsprozess verantwortlich, verpflichtend und in-

spiriert begleiten, sie sind der Katalysator. Um eine kreative Gemeinschaftskultur sicherzustellen, ist es Aufgabe der Führungskraft,

- Leidenschaft für das gemeinsame Ziel vorzuleben und zu fördern,
- gemeinsame Werte zu erarbeiten und immer wieder zu kommunizieren,
- Menschen zu vertrauen und Vertrauen einzufordern und
- eine Vielfalt von Perspektiven zu bieten, insbesondere denjenigen Mitarbeitern, die sich mit einer ausgeprägten Innovationskraft hervortun.

Führungskräfte sollen ihren Mitarbeitern, Kunden und Partnern zuhören, ihren Mitarbeitern viel zutrauen und die Freiräume schaffen, um Innovationen zuzulassen. Das ist Aufgabe genug.

> **»Wenn Ihre Aktionen andere inspirieren, mehr zu träumen, mehr zu lernen, mehr zu tun und mehr zu werden, dann sind Sie eine Führungskraft!« (John Quincy Adams)**

Mein Wissen und meine Erkenntnisse zu diesem Thema basieren übrigens größtenteils auf Seminaren, die ich beim Disney Institute im Walt Disney Resort Orlando erleben durfte – ja, jedes einzelne war ein Erlebnis. Auffallend für mich als Marketingexperte war, dass das Disney Institute zahlreiche Themen für Unternehmer anbietet, aber kein Marketingseminar. Ahnen Sie, warum? Disney weiß eben auch, dass ein geniales, attraktives, tolles Produkt wenig Marketingkommunikation benötigt, sieht man einmal von Anschubkommunikation ab. Wer Disney-Filme sieht, wer Disney-Parks besucht, wird Stammkunde und empfiehlt sie weiter … bis hin zum Disney Vacation Club, dessen Mitglieder Teile der Disney-Parks als Immobilie kaufen können und damit jährlich »ein Anrecht« haben, sich in Disney-Einrichtungen aufzuhalten. Kundenbindung und Community-Building vom Feinsten!

Wenn Sie ein Einzelkämpfer sind, also sich selbst führen und innovativ sein wollen, hier noch ein paar Basistipps, wie Sie regelmäßig neue Ideen entwickeln und umsetzen können, um dem Wettbewerb voraus zu sein. Sie sind Ihre eigene Führungskraft und kennen hoffentlich Ihren Kompass zu Ihrer Identität (Vision, Mission, Kunden und Emotionen). Sicherlich beherrschen Sie auch einige Kreativitätstechniken. Dann sollten Sie nur noch Folgendes tun:

Freiraum für sich schaffen: Sie brauchen auch die Muße, Innovationen zu entwickeln, also Zeit fürs Nachdenken, Recherchieren, Stöbern in Bibliotheken, Buchhandlungen und im Web.

Mit anderen kreativ sein: Unbedingt empfehlenswert ist es auch, sich Innovationszirkeln anzuschließen, also sich mit Menschen außerhalb Ihres Wettbewerbs oder auch außerhalb Ihrer Branche auszutauschen, die auch gern über neue Ideen nachdenken und die Sie fragen können. Ich habe allein in Skype weltweit Hunderte von Kontakten, die ich anpingen kann, wenn ich über neuen Konzepten sitze. Sie können zudem Kongresse, Seminare, Verbandsevents usw. besuchen und sich mit den Teilnehmern und Experten austauschen – und damit sind wir auch schon beim nächsten Punkt.

Reisen: Jenseits der eigenen Ländergrenzen, jenseits Ihres Marktes gibt es Ihresgleichen. Leute mit dem gleichen Job wie Sie, nur in anderen Märkten. Sich mit diesen Kollegen auszutauschen, ist einer der effektivsten Wege, um neue Ideen zu finden und neue Potenziale aufzutun. Meine Branche ist der deutschsprachige Event- und Speakermarkt. Es war für mich eine unglaubliche Bereicherung, als ich zum ersten Mal die Convention der National Speakers Association in den USA und danach die in Südafrika, in England usw. besuchte. Nicht nur, dass Sie dort Ideen finden, die Sie abgewandelt oder in Lizenz in die eigene Innovationspipeline übernehmen können. Sie finden vor allem Menschen, Kollegen, die völlig offen ihr Wissen mit Ihnen teilen, da Sie als einer »vom fremden Stern« nicht als Wettbewerber eingestuft werden.

Beim Thema Innovation sollten wir auch fragen, warum eigentlich so viele neue Ideen scheitern. Das liegt oft daran, dass Firmen etwas erfinden, was keiner will oder was sich nicht finanzieren lässt. Oder die Entscheider geben zu früh auf bzw. halten zu lange an schlechten Ideen fest. Oder sie denken zu klein und machen sich zu zögerlich an die Umsetzung. Möglicherweise ist die Innovation auch zu kompliziert; Kunden sind intelligent, suchen aber das Einfache. Oder, oder, oder. Doch wie auch immer: Ein Scheitern darf niemals Grund dafür sein, nicht mehr zu innovieren, im Gegenteil. Hier ein schönes Beispiel:

Beispiel

Bionade, das »biologische Erfrischungsgetränk mit Calcium & Magnesium, nach Originalrezept hergestellt durch Fermentation natürlicher Rohstoffe«, war eine Erfolgsgeschichte und eine *der* Innovationen der letzten Jahre in der Getränkebranche. Doch nicht von Anfang an. Dieter Leipold, einer der Eigentümer der privaten Brauerei, hatte 1985 bereits die Idee zu diesem alkoholfreien Getränk, da die Brauerei im Biermarkt nicht so erfolgreich war und regelmäßig die Insolvenz drohte. Bis zur Markteinführung dauerte es dann aber doch gut zehn Jahre.

Die Idee war ein alkoholfreies Getränk, das es so noch nicht gab: eine gesunde Limonade ohne Chemie, nach Reinheitsgebot gebraut. Ein ökologisch korrekter Gegenentwurf zu Cola & Co. Was für eine Innovationsaufgabe, denn Limonade zu brauen, war eigentlich ein Widerspruch in sich, da der enthaltene Zucker ja wieder zu Alkohol vergären würde. Nach vielen Jahren des Experimentierens bis an die Grenze der finanziellen Belastbarkeit und darüber hinaus gelang der Durchbruch: dank der Honigproduktion der Biene, denn das ist die einzige Ausnahme in der Natur, bei der Zucker zu Gluconsäure vergärt. Doch von der Inspiration und Idee bis zur Realisierung war es immer noch ein weiter Weg mit vielen Ups & Downs. Bionade hatte keine Sales-Force, kein Geld für Werbung, PR oder Listungen im Markt. Bekanntheit, Distribution und Absatz waren auf einem niedrigen Niveau. Erst nach einem Relaunch im Jahr 2000 begann der Aufwärtstrend, der große Durchbruch gelang 2003. Bereits 2006 hatte Bionade eine führende Marktposition. Was war passiert: Neue Story, neues Etikett, neue Flaschenform, neue Geschmacksvarianten. Die Bionade war als zeitgemäßer Softdrink für alle positioniert, verkörperte Lifestyle und Gesundheit.

Das Produkt selbst sollte der Virus sein, die Kunden sollten durch direkten Produktkontakt per Verkostung überzeugt werden. Es startete die Verbreitung über Messen, Kooperationen, Sponsorings in den Bereichen Kultur, Kinder, Sport, Ernährung und Gesundheit. »Lass die anderen darüber reden!«, lautete die Devise; man setzte also auf die Multiplikation durch Szene und Medien als freiwillige Botschafter der Marke. In wenigen Monaten berichteten alle wichtigen Tageszeitungen, Magazine, Funk und Fernsehen mit Headlines wie »Braumeisters Anti-Cola«, »Zaubertrank aus der Rhön«, »Pioniere des Sudkessels«

usw. – eine kostenlose Kampagne im Wert von etlichen Millionen Euro. Ein Beitrag in der Pro-Sieben-Serie *Galileo* Anfang 2005 führte dann zu einer explosionsartigen Nachfrage. Bei den Kunden entstand ein hohes Maß an Identifikation und Emotion.

Was für eine Innovationsstory, ein gebauter (nicht gekaufter) Erfolg ohne Werbemillionen, Werbekostenzuschüsse, Rabatte oder Preisaktionen! Die Macher selbst erklären: Unsere Erfolgsfaktoren sind das Produkt, die Story, das Marken- und Marketingkonzept! In dieser Reihenfolge. Leider hat Bionade durch spätere Managementfehler an Potenzial verloren – ein sagenhaft nachahmenswerter Aufstieg eines Produkts bleibt es jedoch für immer.[8]

Was sind Ihre Erfolgsfaktoren? Hoffentlich mindestens das Produkt und seine Story ... der Rest ist gar nicht mehr so schwer.

Beispiel

Ein anderes faszinierendes Beispiel für dauerhafte Innovation ist die Brillenkette Fielmann. Der Konzern meldet ein Rekordergebnis nach dem anderen – in einem sehr umkämpften Markt. Die Wettbewerber von Fielmann stehen dauerhaft unter Druck, denn bei jeder neuen Idee oder bei jeder Ladeneröffnung meldet sich Günther Fielmann: »Ich bin schon da!« 1972 war Fielmann der erste Optiker mit Discountpreisen. 1977 war Fielmann der Erste, der seinen Kunden eine Drei-Jahres-Garantie anbot. 1982 warb er als Erster mit einer Geld-zurück-Garantie. Und 1997 überraschte uns Fielmann mit Brillen zum Nulltarif, weil die Regierung die Zahlung für die Kassengestelle gestrichen hatte. Günther Fielmann dazu: »Wir haben die Diskriminierung per Sozialprothese abgeschafft. Mehr als acht Millionen Bundesbürger müssen seitdem den Nachweis ihres niedrigen Einkommens nicht mehr auf der Nase tragen.« Das kommt an bei den Menschen.[9]

Fielmanns Grundregel, die jeder Mitarbeiter unterschreibt und lebt: Fielmann möchte immer besser und immer günstiger sein als andere. Diese Discounterstrategie, wie wir sie auch zum Beispiel bei Aldi oder

---

8 Vgl. Kowalsky, Peter: »Bionade – dem Trend voraus«, Vortrag beim trendforum München, November 2007.

9 Vgl. Focus-Money, 10/2010, Artikel »Aktie: Fielmann«.

Lidl finden, empfehle ich übrigens nicht unbedingt zur Nachahmung – aber sie funktioniert, sofern sie konsequent und professionell umgesetzt wird. Nachahmenswert ist die Discounterstrategie übrigens deswegen nicht, weil die Märkte sich in der Zukunft noch weiter in die Extreme entwickeln werden: in das eine Extrem der sehr, sehr günstigen Angebote bei mäßiger Qualität und unterdurchschnittlichem Service und in das andere Extrem der Marken- und Topangebote bei überdurchschnittlichem Service. Die »Mitte« wird immer mehr ausgedünnt. In den deutschsprachigen Märkten gibt es sowohl eine wachsende Zahl von Menschen, die immer weniger verdienen und kaum Vermögen haben, als auch eine wachsende Zahl von Menschen, die in der Zukunft gutes Geld für gute Ware ausgeben wollen und können. Sie kaufen keine Eier von Hühnern aus Legebatterien, und das Gleiche gilt für Schinken aus Fleischimitat, Jacken, Hosen, Elektroartikel oder Spielsachen aus Fabriken in Asien, in denen Menschen für Hungerlöhne ausgebeutet werden, etc. All das sind Zustände, die auf lange Sicht nicht erfolgreich sein können, weil sie gegen die Natur sind. Daher stets meine Empfehlung: Bieten Sie Hochwertiges so an, dass Menschen begeistert sind – dann werden dafür auch gern hohe Preise bezahlt. So war es immer, so wird es immer sein.

Innovationen entstehen in der Regel nicht im luftleeren Raum; sie haben immer irgendeine Grundlage. Fakt ist, dass wir von der Steinzeit bis jetzt von der Inspiration durch andere Ideen profitiert haben. Nicht nur, dass eine Idee andere Ideen und damit »virale« Innovationsschübe hervorgerufen hat (MP3, iPod …), vielmehr wurden durch professionelle Weiterentwicklungen auch ganz neue Wirtschaftsbereiche geschaffen und – wie im Fall Konrad Zuse, Bill Gates und Kollegen – ein neues (IT-)Zeitalter eingeläutet. Wäre all das in dieser Zeit möglich gewesen, ohne dass der eine auf Ideen des anderen aufgebaut hätte? Sicher nicht.

Die Innovationskraft der vielen wird zum Teil auch gezielt genutzt: Denken Sie an wissenschaftliche Gremien, in denen Forscher und Entwickler ihre Errungenschaften bewusst offenlegen und teilen, um gemeinsam schneller voranzukommen. Denken Sie an interdisziplinäre Thinktanks, in denen Entscheidungsträger aus Wirtschaft, Politik, Wissenschaft und Gesellschaft gemeinsam Antworten auf komplexe Fragen suchen und sich gerade treffen, um alle Einzelideen in einen gemeinsamen Topf zu werfen. Oder denken Sie an die Automobilindustrie: Namhafte Wettbewerber schließen sich zusammen, um beispielsweise den Hybridantrieb schneller zu entwickeln.

Neben solchen gezielten Kooperationen und neben dem Benchmarking gibt es aber auch den Diebstahl geistigen Eigentums, das dann unter dem eigenen Namen verkauft wird. Ein solches Vorgehen ist eindeutig zu verurteilen. Interessanterweise sind es ja meist (leider nicht immer) die erfolgloseren Mitbewerber, die von erfolgreicheren, innovativeren Unternehmen abkupfern.

Wer sich jedoch von Ideen anderer inspirieren lässt und diese für den eigenen Bereich so weiterentwickelt, dass wiederum neue Ideen entstehen, innoviert im positiven, gewünschten Sinn. Ist die neue Idee noch recht nah an der Ursprungsidee, sollte man sich unbedingt mit dem Urheber der Ursprungsidee abstimmen. Darüber hinaus sind auch die rechtlichen Rahmenbedingungen zu beachten.

Wo geistiges Eigentum gestohlen wird, hat übrigens nicht nur der Bestohlene den Schaden; der Plagiator schadet letztlich auch sich selbst, wenn er seinen eigenen Innovationsdruck auf diese Weise mindert. Zugleich erhöht er den Innovationsdruck bei denjenigen, die er bestohlen hat, die also schon unter Beweis gestellt haben, dass sie innovationsfähig sind.

Wer zu den Marktführern in Sachen Innovation gehört, seine Ideen und Methoden jedoch »an vielen Hausecken« unter anderen Namen verbreitet sieht, hat nur zwei Möglichkeiten: gegen das Abkupfern (rechtlich) vorzugehen oder noch viel innovativer zu sein. Für die Nachahmer ein nicht selten schweres Los: ständig hinterherlaufen zu müssen, anstatt sich selbst um Neues zu kümmern.

Beispiel

Ein schönes Beispiel meiner Branche ist hier wieder Vera F. Birkenbihl, eine unumstritten hochinnovative Bestsellerautorin und Trainerin. Sie generiert neue Ideen im Wochentakt und sieht diese genauso schnell im Umlauf. Ihrerseits greift sie natürlich auch auf Ideen anderer zurück, allerdings mit konsequenter Quellennennung. Denn sie ist nicht nur Innovationsführerin, sondern auch Spezialistin für den Transfer in die Praxis.

Wenn Sie einem Seminarteilnehmer eine gute Idee vorstellen, ist es für diesen unerheblich, ob die Idee von Ihnen selbst stammt oder von einem anderen Experten. Ihm ist viel wichtiger, wie diese Idee in seine persönliche Praxis transferiert werden kann, wie er davon profitieren kann. Nennen Sie die Quelle und seien Sie innovativ im »Liefern und Umsetzen« der Idee in die Welt Ihrer Kunden.

Doch was tun, wenn man einfach keinen Erfindergeist hat? Einigkeit besteht sicher darin, dass die unerlaubte Übernahme von fremdem Gedankengut weder erlaubt noch akzeptiert noch förderlich ist. Also um Erlaubnis fragen? Eindeutig ja, denn viele Inhaber starker Innovationen bieten Modelle an, deren System zu übernehmen, etwa durch Franchisesysteme oder Lizenzmodelle. Auch deshalb empfiehlt sich das eigene Engagement in Netzwerken, in denen die Übernahme fremder Innovationen im Rahmen solcher Modelle und darüber hinaus gefördert und von den Urhebern regelmäßig erlaubt wird. Das sind in der Regel die schon erwähnten Thinktanks, Austauschbörsen oder (Branchen-) Vereine bzw. Netzwerke.

In meiner Branche ist hier die German Speakers Association e.V. (GSA) zu nennen. Die GSA fördert positives Benchmarken. Ihr Ziel ist unter anderem der Austausch von nützlichen Geschäfts-, Marketing- oder Präsentationsideen – und das weltweit. Dabei geht es in der Regel nicht um den Austausch von Erfindungen (Produktideen), die regelmäßig geschützt sind und über Lizenzen etc. ohnehin übernommen bzw. vertrieben werden können, sondern vor allem um Ideen, wie ich zum Beispiel Know-how vermarkte, präsentiere und attraktiv verpacke.

Die zwei wesentlichen Regeln für einen gelingenden Austausch lauten:

1. **Der Urheber von innovativen Ideen organisiert sich in einem Netzwerk mit der Bereitschaft, Ideen zu geben, um andere Ideen zu erhalten.**
2. **Der Urheber bearbeitet einen völlig anderen Markt als der Ideenempfänger, seien dies andere Länder, andere Branchen oder andere Themen.**

Ein Vertriebstrainer aus Wien, der den österreichischen Markt mit innovativen Vertriebstechniken bedient, würde einem Vertriebstrainer aus Linz dementsprechend keine nützlichen Geheimnisse aus seiner Marketing- oder Präsentationsschatzkiste anvertrauen. Wer hingegen als Vertriebstrainer in Österreich mit einem Vertriebstrainerkollegen aus Amerika in Kontakt kommt, wird selbst wenig Hemmungen haben, über seine Techniken und Erfahrungen aus dem österreichischen Markt zu berichten. Wer im Gespräch offen ist und Geberbereitschaft zeigt, wird dies beim Gesprächpartner ebenfalls vorfinden. Denn ein amerikanischer Fachkollege hat meist nichts dagegen einzuwenden, wenn jemand seine Idee für den österreichischen Markt adaptiert – vorausgesetzt, er selbst hat kein Interesse daran, sein Geschäft auf Österreich auszudehnen. Fragen muss man ihn aber in jedem Fall! Die Erlaubnis wird regelmäßig gerne erteilt, wenn Geben *und* Nehmen praktiziert werden.

Beispiel

Bettina Stackelberg, Trainerin und die »Frau fürs Selbstbewusstsein«, schrieb einmal im EduClub (Xing): »Und noch was zum Thema Abkupfern: Ich stehe inzwischen auf dem Standpunkt, dass es ein Kompliment für mich ist, wenn mich jemand kopieren mag! Und: Stackelberg IST NICHT zu kopieren, die ist einmalig! Also dürfen Ideen, Übungen etc. von mir ruhig geklaut werden – es ist immer eine Sache, die Übung zu kennen, und eine ganz andere, sie richtig und effektiv einzusetzen.«

Peter Drucker soll hier das vorerst letzte Wort zum Thema Innovation haben: »Because the purpose of business is to create a customer, the business enterprise has two – and only two – basic functions: marketing and innovation. Marketing and innovation produce results; all the rest are costs. Marketing is the distinguishing, unique function of the business.«

Kleine Erlebnisse mit großer Wirkung: Emotional Selling

Beispiel

Anfang der 1990er-Jahre war ich auf der schönsten meiner zahlreichen Amerikareisen. Drei Monate lang war ich allein mit dem Rucksack unterwegs, mal per Bus, mal per Bahn, mal mit dem Auto. Eine geniale Zeit, in der ich für alles offen war, einmal sogar fast zu offen: Ich war gerade in Salt Lake City angekommen, der »Hauptstadt« der Mormonen. In dieser schönen Stadt ist der Tempelplatz als Zentrale der Mormonen natürlich eine Attraktion, die man als Tourist sehen muss. Sie betreten dieses »heilige« Gelände und sofort stellt sich Ehrfurcht ein. Schöne Gärten, pompöse Gebäude, eine ruhige, andächtige Atmosphäre, säuselige Musik im Hintergrund.

Nach wenigen Metern traf ich auf die erste Mormonin, eine hübsche junge Frau, die mich freundlich auf Englisch begrüßte: »Herzlich willkommen, wir freuen uns, dass du uns besuchst. Aus welchem Land kommst du?« Als ich geantwortet hatte, schaltete die bezaubernde junge Frau in ein ausgezeichnetes Deutsch um und verwickelte mich in ein Gespräch, in dem ich ganz schön viel von mir preisgab. Zum Abschluss gab sie mir einige Tipps, was ich mir auf dem Mormonengelände unbedingt alles anschauen sollte.

Die erste Empfehlung war der Salt Lake Tabernacle, in dem eine der größten Orgeln der Welt steht. Und natürlich spielte dort jemand Orgel in einer Art, die jeden begeistert und zum Bleiben verführt. Man sitzt dort in den Bänken und plötzlich kommt von links eine leise Bemerkung der Nachbarin: »Isn't that fantastic!« Diese Atmosphäre lässt einen schwer gehen, aber Touristen haben ja ein straffes Programm. Und ich stieß sofort auf das nächste Highlight: eine Hochzeit vor dem »Mormon Temple«, die Braut ganz in Weiß, alles schön und alles harmonisch. Küsschen, Klatschen, strahlende Kinder, schönster Sonnenschein. Nach ein paar anderen Gebäuden, die ich besuchte, das Highlight: die Kuppelhalle des Temple Square! Sie betreten das Gebäude und gehen ehrfürchtig die Serpentinen nach oben, vorbei an motivierenden Bildern mit klugen Sprüchen, begleitet von einer wunderschönen Musik, die mit jedem Schritt lauter und intensiver wird. Und oben wartet eine riesengroße weiße Jesusfigur auf Sie, die von Scheinwerfern angestrahlt wird. Sie sind ergriffen – dagegen können Sie sich gar nicht wehren. Da oben hätte ich damals fast alles unterschrieben! Zu meinem Glück hatten die Mormonen, zumindest zu jener Zeit, eine Maxime nicht berücksichtigt: »Close the deal!«, und zwar zu einem Zeitpunkt, zu dem der Kunde richtig strahlt. Gott sei Dank, denn als ich beim Verlassen des Gebäudes angesprochen wurde, war ich schon wieder aufgewacht und bei Sinnen.

Ja – das ganze Leben ist Verkaufen. Jeder muss sich selbst verkaufen, vom Baby bis zum Greis. Ein Höhepunkt im privaten Bereich ist dabei sicher die eigene Hochzeit. Und dieser Tag, der die vorausgegangenen Verkaufsstrategien der beiden Ehepartner krönt, ist bestimmt ein sehr emotionaler Tag. Obwohl ... Auch Hochzeiten können Zweckgemeinschaften einläuten, bei denen die Vertragspartner eine Unterschrift leisten, weil sie keinen besseren Abschluss geschafft haben.

Doch bleiben wir kurz beim Regelfall, also beim romantischen Verlauf vom ersten Treffen und Sich-Verlieben über die Hochzeit bis hin zur Beziehungspflege. Liebe und Verkaufen zusammenzubringen, war übrigens lange ein Tabu. Das aber ist es inzwischen nicht mehr, unter anderem dank dem LoveSelling-Konzept von Hans-Uwe L. Köhler.

Können Sie sich noch an den Moment erinnern, in dem die Traumfrau oder der Traummann an Ihnen vorbeilief und plötzlich alles, was Sie gerade dachten oder taten, völlig unwichtig wurde? Der Moment, in dem der Jagdinstinkt die Führung übernahm? Das ist die *Puma-Phase*.

Erkenntnis 1: Wir alle haben bewusst oder unbewusst eine Schablone von unserem idealen Partner im Kopf, die sich allerdings im Laufe des Lebens durchaus verändern kann. Diesem idealen Partner entspricht im Marketing der ideale Kunde, den ich, wenn ich ihn definiert habe, auch im Getümmel erkenne.

Sobald wir diesen idealen Partner gesehen haben, läuft die Eroberungsstrategie an. Der erste strategische Schritt besteht darin, sich für den großen Moment des eventuellen ersten Kontakts rauszuputzen. Das ist also die *Pfau-Phase*. Alles, was ich sagen, zeigen oder aussenden könnte, wird vorbereitet und überprüft.

Erkenntnis 2: Wenn wir diesen idealen Partner oder Kunden erkennen, verändern wir sofort unser Verhalten und werden instinktiv zu den besten Verkäufern (Jägern), die wir sein können. Der eine mehr, der andere weniger. Je besser die Vorbereitung für diesen magischen Moment, desto größer die Erfolgschancen.

Die beste Vorbereitung hilft jedoch nichts, wenn der Traumpartner schon wieder verschwunden ist, bevor wir aktiv werden. Das sind dann verpasste Gelegenheiten, die wir oft noch Jahre später bedauern. Die Ursachen sind vielfältig, mal ist es reine Schusseligkeit, mal mangelnder Mut, mal übertriebener Perfektionismus bei der Vorbereitung. Die Devise lautet daher erst mal: Klotzen statt kleckern, laut singen statt piepsen, Aufmerksamkeit erzeugen. Hier spreche ich von der *Auerhahn-Phase.*

Erkenntnis 3: Je attraktiver ich für die Zielperson bin, desto einfacher komme ich ins Gespräch und desto größer sind meine Erfolgschancen.

Wenn die erste Aufmerksamkeit hergestellt ist, wenn es Blickkontakt gibt, wenn vielleicht ein Lächeln ausgetauscht wurde, wird es Zeit für die ersten Worte. Oh – die ersten Worte. Was für eine Herausforderung, bei einem Liebespärchen noch viel mehr als beim Verkäufer. Es kommt also jetzt nicht nur darauf an, was ich sage, sondern vor allem darauf, wie ich etwas sage *(Nachtigall-Phase).*

Erkenntnis 4: Kommunikation ist in privaten Beziehungen wie im Marketing und Verkaufen elementar. Oft ist das Wie dabei entscheidender als das Was.

Und wenn die Verbindung mal steht, das Interesse geweckt ist, die Einzigartigkeit der Partnerschaft reizt, dann gehört Mut dazu, die Frage der Fragen zu stellen: Willst du mit mir gehen, willst du mir vertrauen, willst du von mir kaufen? Jetzt muss der König der Tiere ran *(Löwen-Phase)* und den Deal besiegeln.

Erkenntnis 5: Verkaufen – ob nun sich als Person oder ein Produkt – braucht Mut und Selbstbewusstsein sowie innere und / oder äußere Attraktivität. Unerlässlich ist ein Vertrauen in die eigenen Stärken.

Daneben benötigt man aber auch Übung in den Techniken, um die Ernte einfahren zu können.

Und nun folgt hoffentlich die rosarote Zeit, in der man sich mehr und mehr verliebt, immer mehr vertraut, die Stärken des anderen schätzen lernt und ihm seine Fehler verzeiht. Eine Zeit, die die Erkenntnis bringt, dass das Leben gemeinsam viel schöner, glücklicher und erfolgreicher ist. Taten bestätigen das, was vorher versprochen wurde. Und wie wir alle wissen, ist eine dauerhafte Beziehung keine einmalige Anstrengung, sondern eine Daueraufgabe in Form von Engagement, kleinen wie großen Aufmerksamkeiten, Überraschungen. Getragen wird sie von eben jener Erkenntnis, dass das Leben so schöner ist als ohne den anderen *(Storch-Phase).*

Erkenntnis 6: Es macht keinen Sinn, One-Night-Stands zu suchen. Eine auf Dauer angelegte Partnerschaft bringt weit mehr Spaß und Nutzen als permanente Trennungen und die immer wieder neu notwendige und aufwendige Suche nach neuen Partnern. Die Beziehungspflege ist eine Kunst, die wenig bedarf, aber dennoch nicht einfach ist.

Für den Verkauf gilt übrigens: Die Beziehungspflege wird insgesamt anspruchsvoller, da die Generation, die jetzt zu kaufkräftigen Kunden heranwächst, noch weniger bindungsfähig ist als die aktuelle. Heute hier, morgen da. Zudem kommt es häufiger zu gelegentlichem Fremdgehen.

Und wie im Eheleben ist die treue Beziehung bis zum Tod auch im Verhältnis von Verkäufer und Kunde immer seltener zu finden. Daher ist im Verkauf nicht die Eins-zu-eins-Liebesbeziehung das Ziel, sondern überhaupt dauerhafte Beziehungen. Also eine freiwillige Multibeziehung mit großem gegenseitigem Vorteil. Um das zu erreichen, muss jeder Partner sich immer wieder fragen, was der andere von einem erwartet. Und sich entsprechend anpassen, ändern und erneuern *(Schmetterlings-Phase).*

Erkenntnis 7: Das Leben ist Veränderung. Sich so zu verändern, dass man dennoch oder gerade deswegen attraktiv bleibt, ist die Herausforderung ständiger Innovation. Es zu akzeptieren, dass sich Partner verändern, und sich damit abzufinden oder auch sich anzupassen, ist die zweite große Herausforderung guter Partnerschaften.

Diese sieben Phasen beschreiben sehr schön, wie es ist, wenn es funkt. Aber das Wichtigste sind eindeutig: *Emotionen*.

Beispiel

Gerade während meines Wehrdienstes versuchten meine Freunde und ich, Frauen kennenzulernen. Da war es naheliegend, in Discos oder Kneipen zu gehen, immer auf der Suche nach der Traumfrau. Und ja, da war sie plötzlich! In Landshut in einer Kneipe, deren Stammpublikum eher um die vierzig war. Meine beiden Freunde und ich waren achtzehn und hatten uns offenbar verirrt – aber dann sahen wir die zwei Mädchen. Bildhübsch. Unglaublich attraktiv.

Jetzt müssen Sie wissen, dass ich damals weder ein beeindruckender Puma noch ein Pfau oder Auerhahn war, dafür aber ziemlich naiv. Meine zwei Freunde Gott sei Dank aber auch, was mir heute sagt: Du musst nicht perfekt sein, nur besser als die entscheidenden Wettbewerber. Und die Rechnung war auch einfach: Im besten Fall gab es einen von uns drei, der auf der Strecke bleiben und allein heimgehen würde. Jeder von uns drei arbeitete innerlich an seiner Strategie. Gelegentlich gab es Abgleichgespräche: »Geh du hin«, »Nein, du«, »Wieso ich?« Immerhin waren wir über körpersprachliche Signale, also vorsichtige Blicke, schon so weit, dass die beiden Tische sich füreinander interessierten.

Und dann kam mir eine geniale Idee: Ich wusste, dass es sehr schwer wird, in Kontakt zu kommen, wenn dieser Discjockey weiter die Musik für ältere Semester spielen würde. Also ging ich zu ihm hin und fragte, was denn das modernste, aktuellste und zugleich romantischste Lied wäre, das er hätte. Und dieser Mann, der selbst vermutlich im Alter des Stammpublikums war, hatte offenbar beobachtet, was abging, konnte sich in meine Lage versetzen und gab mir das emotionalste Umfeld, das ich mir wünschen konnte: Die unglaublich schöne »Schieber-Tanz«-Nummer *(Everything I do) I do it for you* von Brian Adams. Es war einer *der* Songs damals, und die ersten Töne waren eine Steilvorlage für mich, denn die Mädels blickten natürlich dankbar für diesen Song zum Discjockey, und da stand ich – lächelnd. Die Musik, die Aufmerksamkeit der Traumfrau, die sich endlich füllende Tanzfläche und die Emotionen rundherum beflügelten mich, hinzugehen, irgendwas zu stammeln und am Schluss zu fragen: Willst du tanzen? Uuuuuuh – ich bekomme heute noch Gänsehaut. Es wurde dann übrigens zwar keine lebenslange Beziehung, aber eine relativ lange und sehr schöne.

Warum also im Alltagstrott und mit Alltagsmitteln verkaufen, wenn der emotionale Rückenwind (in dem Fall Musik) alles viel einfacher macht, mehr Spaß und mehr Erfolg bringt? Aber wie könnte das nun für Ihr einfaches Marketing aussehen?

Ich sehe das einfach: Für mich gibt es im Wesentlichen fünf Kategorien von Menschen, die nicht nur, aber hauptsächlich auf eine bestimmte Art von Emotionsklasse reagieren:

1. Die Rocker: Das sind die Kunden, die beim Verkaufsgespräch das Gesäusel über Vorteile, Nutzen usw. nur bedingt ertragen, sondern Action und zum Punkt kommen wollen. Wenn Sie vorwiegend solche Personen ansprechen, muss Ihre Website, Ihr Flyer richtig fetzig gestaltet und geschrieben sein, da dürfen Sie auch ruhig etwas auf den Putz hauen. Diese Leute wollen durchaus vom Verkäufer geführt werden, aber auch selbst »mitrocken«. Sie wollen nicht mit »Was kann ich für Sie tun« begrüßt werden, sondern eher mit »Hi, hab ein cooles Produkt für dich, das richtig abgeht«. Red Bulls Werbe- und Marketingstrategie entspricht dem sehr gut, sie verleiht halt Flügel …

2. Die Souler: Die Anhänger dieser Mischung aus Blues und Gospel wollen grooven. Hier dürfen Sie nicht so stark aufs Gas drücken in Sachen Kommunikation, Konzeption, Grafik oder Give-aways, sondern sollten neben dem Spaßfaktor auch den Sinn, die Botschaft, den Nutzen klar mit in den Vordergrund stellen. Diese Leute wollen stimuliert werden, mehr über das Warum wissen als die Rocker, hier geht's viel früher um Inhalte, Qualität, Werte, Nachhaltigkeit usw. Souler reagieren eher auf »intelligente« Angebote und Kommunikation; attraktiv für sie ist zum Beispiel Bionade, »das frisch gebraute, einzigartige, alkoholfreie Erfrischungsgetränk«.

3. Die Jazzer: Diese Leute mögen kreative, teils verrückte Angebote. Häufig lautet die Devise: Je bunter und je weiter weg vom Normalen (der Norm), desto besser. Free Jazz, Free Marketing. Akteure, die heute so spielen, morgen so, aber immer auf höchstem Niveau und dennoch wiedererkennbar. Hier findet man auch die meisten Revoluzzer, also Menschen, die neue Wege schätzen, so auch die First-Mover. Wenn was Neues rauskommt, sind die sofort mit dabei, denn man muss das mal ausprobieren. Für mich zählt seit einigen Jahren Apple zu den bekanntesten Beispielen, die hier in der richtigen Art und Weise aktiv sind. Eine Linie (zum Beispiel weiße Kopfhörer), aber jedes mal neu und cool. Jazzer lieben intensive Reize, viel mehr noch als Souler.

4. Die Klassiker: Hier zählt der Anspruch, das Niveau, die Klasse, das Detail viel mehr als bei jeder anderen Kategorie. Weniger laute, mehr leise Töne. Tiefgründigkeit, die Mischung aus Tradition und Zeitgeist kommt hier an. Die Klassiker sehen sich selbst oft in einer privilegierten Position. Daher kommen Marketingaktionen, die das Prestige ansprechen, hier besonders gut an. Dementsprechend wird die Klassiker-Kommunikation gern für Nobelmarken eingesetzt, ob im Bereich Auto, Uhren oder Jachten. Wie heißt noch der Leitsatz der Ritz-Carlton-Hotels? »We are ladies and gentlemen serving ladies and gentlemen.«

5. Die Jedermanns: Die gar nicht kleine Gruppe, die keine Präferenz für eine bestimmte emotionale Begleitung hat, ist am einfachsten zu handhaben. Denn die Jedermanns reagieren im Gegensatz zu den immer weniger werdenden »Egalos«, die wenig bis gar nichts Emotionales in Marketing und Verkauf erwarten, auf nahezu alle Varianten emotionaler Unterstützung gleichermaßen positiv. Jedoch erwarten die Jedermanns wie die vier anderen Gruppen auch emotional positive Überraschungen im Marketingprozess. Solche Abwechslung können Sie schaffen, indem Sie aus den anderen Emotionsklassen stärker mischen als sonst.

Beispiel

Wenn Sie beispielsweise die Zielgruppe der strukturvertrieblich organisierten Vertriebsmitarbeiter von Finanzdienstleistern haben, warten dort vermutlich mehrheitlich die Rocker auf Sie. Bei den Kunden von Rolls-Royce werden vermutlich viele Klassiker in der Zielgruppe sein. Die Uhrenmarke Swatch kommuniziert meist in Richtung Jazzer. Google hingegen hat bei den meisten Produkten den moderat coolen Souler im Visier. Und natürlich gibt es in jeder Kategorie Kerngruppen, Randgruppen bis hin zu Mischgruppen, aber darauf kommt es gar nicht so an.

Denn in der Kunst des einfachen Marketings geht es nun um die Frage, welche Kategorie bei den Personen, die ich mit meinen Marketingbotschaften anspreche (idealer Kunde), am häufigsten vertreten ist. In einem zweiten Schritt werden dann entsprechend der jeweiligen Kategorie kreative Kampagnen nach Emotionsklasse oder größere Support-Tools entwickelt, die den Kunden emotional überraschen, und zwar gegliedert nach den drei Marketing-Hauptelementen Mitarbeiter, Produkte / Dienstleistungen und Prozesse:

1. Mitarbeiter: Die emotionale Kraft der Mitarbeiter, die Kundenkontakt haben, ist ein ganz wesentlicher Erfolgsfaktor in Marketing und Vertrieb, und zwar nicht nur bei Dienstleistungen. In einem weiteren Sinne geht es sogar um die gesamte Unternehmenskultur, um das Betriebsklima, insbesondere um das Verhältnis von Chef und Mitarbeitern. In Unternehmen, in denen überall und oft gewitzelt, gelacht, unkompliziert gedacht und gehandelt wird, spürt man die natürliche, gelebte Emotionalität. Neben dieser gelebten menschelnden Kultur können Sie Ihre Mitarbeiter beim emotionalen Verkauf mit zwei vorbereiteten Hilfsmitteln unterstützen:

- *Kommunikationshilfsmittel:* Das können kleine Give-aways sein, die zum Produkt passen oder den Produktnutzen verdeutlichen (haptische Verkaufshilfen). Das können aber auch Aufsteller, Poster, Probierproben, Videos, Musik im Hintergrund des Verkaufsraums oder die Lichtverhältnisse sein. Alles, was dem Kunden ein Aaah, Uiiih, ein Oooh usw. entlockt, Sie vom Wettbewerb abkoppelt und den potenziellen Kunden auf ein höheres Interesse-Level hebt, ist willkommen.
- *Kommunikationsmuster:* Hier geht es um die Wortwahl und Tonalität, die Ihre Mitarbeiter gegenüber dem Kunden an den Tag legen, ohne dass die Natürlichkeit der Mitarbeiter beeinflusst wird. Es gibt nichts Schlimmeres als aufgesetzte Plattitüden. Der Leitspruch von Michael Rossié, einem der erfolgreichsten Sprechertrainer, gilt

auch hier: Werde, wie du bist. Und ich ergänze: But on a higher level ... Das fängt bei der Begrüßung am Telefon an und hört beim E-Mail-Schreiben und persönlichen Gespräch noch lange nicht auf. Ich kann Ihnen nur empfehlen, Marketing- und Vertriebskommunikationsprofis einzuschalten, wenn Sie die Muster nicht selbst entwickeln können.

Wenn ich bei meiner Grafikagentur anrufe, wird vor dem Abheben Tina Turner, Frank Sinatra oder James Brown eingespielt, also etwas zum Mitgrooven. Wenn ich bei der Presseagentur eines Kunden von mir anrufe, meldet sich die Mitarbeiterin mit Sprüchen wie: »Mein Name ist Anja Müller, Agentur Heinz, wir bringen Sie ins Fernsehen! Rufen Sie deswegen an?« Immer andere Sprüche, manchmal auch keinen (was dann auch zum Thema wird).

2. Produkte und Dienstleistungen: Wer kennt sie nicht – die emotional konzipierten und / oder verpackten Bestseller? Angefangen von iPhone, Red Bull, Swarovski und Mont Blanc über Freizeitparks wie Rust oder Disneyland, ausgezeichnete Hotels wie das Atlantis (Dubai oder Bahamas) bis hin zu emotionalen Sängern wie Tina Turner und Robbie Williams oder zu Referenten wie Samy Molcho und Johannes Warth. Gibt es bessere Telefone, Energydrinks, Kristalle, Füller, Hotels, Sänger oder Referenten? Vielleicht. Aber die Mischung aus in jedem Fall sehr guter Qualität und emotionaler Inszenierung und Verpackung, also der Story, macht den Unterschied. Das bedeutet zwar mehr Aufwand in Planung und Produktion, bringt aber bei Weitem mehr und längeren Erfolg. Wie das geht? Jedes Mal anders. Ein paar Tipps: viel nachdenken, sich beraten lassen, ausprobieren, feinschleifen, überarbeiten usw.

Wenn es grundsätzliche Kriterien für emotionales Produktdesign gibt, dann vielleicht diese:

- Listen Sie die emotionalsten, coolsten und dadurch erfolgreichsten Produkte oder Dienstleister in Ihrem Bereich auf.
- Priorisieren Sie die besten drei, die Ihrer Emotionsneigung und Ihren Talenten am nächsten kommen.
- Denken Sie – zusammen mit Ihrem Team, vielleicht unterstützt durch Kundenbefragungen oder mithilfe von externen Beratern – intensiv darüber nach, wie Sie das auf Ihre Weise, mit Ihrer Span-

nung und Ihrem Humor emotional toppen können: und zwar bei der Produktkonzeption und bei der Verpackung. Halten Sie Ihr Emotionalisierungskonzept schriftlich fest, damit Sie auf dieses Muster immer wieder zurückgreifen können.

- Testen Sie ein neues Produktdesign auf Teilmärkten, analysieren Sie Reaktionen, passen Sie Ihre Angebote an und probieren Sie es erneut (zirkulierende Optimierung).
- Und als Dienstleister, Experte oder Künstler: Werden Sie jeden Tag ein gutes Stück besser und vor allem emotionaler. Der One-to-one-Dienstleister wie zum Beispiel ein Arzt kann hier ein paar Kommunikationsmuster austesten; wer jedoch als Dienstleister one-to-many aktiv ist, also etwa der Künstler oder der Referent, sollte eher auf einen richtig guten Coach zurückgreifen, um im richtigen emotionalen Ton von der Bühne zu senden. Denn sich selbst verbessern ist weitaus schwieriger, als ein Produkt zu optimieren.

3. Prozesse: Die Emotionalisierung hängt sehr eng mit den Menschen, den Mitarbeitern, zusammen, da die meisten Prozesse von Mitarbeitern ausgeführt werden. Aber dennoch, gerade in der unpersönlichen Online-Welt können auch die Prozesse an sich »anders« gestaltet werden, sodass sie begeistern, und zwar in drei Phasen:

- *Vor dem Auftrag:* Denken Sie an diesen tollen Moment, in dem ein Interessent zum ersten Mal mit uns in Berührung kommt – was sieht er, was fühlt er, was erlebt er? Da beißt ein Fisch an, was tun Sie? Wie senden Sie einem Kunden, der Sie besuchen will, die Anfahrtsbeschreibung? Welche emotionalisierenden Maßnahmen gehen einem Besuch von Ihnen beim Kunden voraus? Wie erhält der Kunde von Ihnen ein Angebot? Wie einfach ist bei Ihnen der Bestellvorgang im Onlineshop?

Bevor es überhaupt zum Auftrag kommt, gibt es viele kleine wie große Begegnungen. Und möglichst viele davon sollten »einen Kick«, etwas Besonderes aufweisen.

Beispiel

Vor einigen Jahren erkundigten wir uns beim Hotel HerzogsPark in Herzogenaurach erstmals nach Veranstaltungsräumen und Zimmern, und zwar mit einer Standardmail ans Hotel. Bei den meisten Hotels wäre nun ein bis zwei Tage später eine Antwortmail zurückgekommen, meist mit einem Angebot im Anhang, das so unübersichtlich ist, dass nur negative Emotionen aufkommen. Nicht so beim HerzogsPark. Noch am selben Tag rief mich der Direktor des Hotels persönlich an, bedankte sich und erzählte mir, warum es der schönste Job ist, Direktor dieses Hotels zu sein. Am nächsten Tag war im Briefkasten ein Kochbuch aus Franken mit den besten Grüßen des Direktors und dem Dank für das nette Telefonat und die Anfrage. Am Nachmittag dieses Tages rief die Bankettleiterin durch, um mit mir offene Fragen zum Angebot durchzugehen, und kündigte einen Brief für morgen an. Der war dann auch im Briefkasten, mit einem kleinen Küchenhelfer passend zum Kochbuch. Wir haben gebucht, denn der Service vor dem Auftrag ließ Großes danach erwarten!

- *Während der Auftragsabwicklung:* Wenn es zum Auftrag kommt, vermitteln manche Lieferanten dem Kunden das Gefühl: Auftrag (Fisch) an Land, alles erledigt! Wenn Fisch (links) liegen gelassen wird, wird er aber stinkig. Vor dem Fang hat man sich noch um den Kunden gekümmert, jetzt ist die ganze Aufmerksamkeit beim nächsten Interessenten und der gewonnene Kunde wird halt abgewickelt. So bitte nicht. Was erlebt der Kunde bei Ihnen, wenn er Ihnen eine Auftragsbestätigung zugesandt oder den Vertrag unterschrieben hat? Sofern der Kunde im Shop etwas bestellt hat: Was erlebt er bis zur Lieferung durch die Post, wird die Vorfreude gesteigert? Ein Elektriker, der bei uns mit einer Hilti arbeiten musste, brachte Ohropax und beruhigenden Jasmintee mit, damit's erträglich wird. Burger King hatte vor Jahren eine laute Hupe für jeden Kunden, der einen Whopper gekauft hat. Das war damals cool, anders, es war aber auch okay, dass die Aktion irgendwann wieder zu Ende war. Nur jetzt macht Burger King gar nichts mehr – Einheitsverkauf wie alle anderen. Wenn Sie in den USA in ein Hamburger-Restaurant von Johnny Rockets gehen, nimmt Sie der Ober am Eingang in Empfang, fragt nach Ihrem Namen und ruft laut ins Restaurant »The Haiders arrived! Let's welcome them!«, es folgt Rockmusik, alle Kellner klatschen mit, häufig auch die anderen Gäste. Das gefällt nicht jedem, ist aber cool. Beim Rausgehen werden Sie übrigens auch verabschiedet: »Thank you, Haiders!«

- *Nach dem Auftrag:* Was erlebt der Kunde, nachdem er Ihr Produkt gekauft hat, zunächst im Laden, später zu Hause? Wenn Sie Dienstleister, also beispielsweise Trainer, Berater, Architekt oder Arzt sind: Was ist am Tag danach? Hört der Kunde von Ihnen? Bekommt er vielleicht einen Buchtipp oder die Kopie eines Artikels zu einem Thema, über das Sie gesprochen haben? Das ist übrigens noch nicht unbedingt Kundenbeziehungsmanagement, sondern erst einmal der professionelle Abschluss eines Geschäfts, auch mit dem Ziel, dass der Kunde nichts bereut, sondern im Gegenteil mehr als zufrieden ist.

Beispiel

Als ich in den USA wohnte, war »mein« Laden der Woolworth um die Ecke. Bei fast allen Kaufhäusern in den USA müssen Sie beim Rein- und Rausgehen immer durch die Parfümabteilung hindurch. Bei jedem, der bei »meinem« Woolworth mit einer Woolworth-Plastiktüte auf den Ausgang zusteuerte, haben alle Mitarbeiter der Parfümabteilung geklatscht und gerufen: »Thank you for shopping at Woolworth!« Ja, das ist amerikanisch, aber Sie verlassen den Laden immer mit einem Lächeln und einem schönen Gefühl.

Beispiel

Wer schon einmal in der BMW-Welt oder im Audi-Zentrum einen Neuwagen abgeholt hat, bekommt einen Eindruck von dem, was hier gemeint ist. Sie reisen zur Neuwagenabholung eh mit einer grundlegenden Vorfreude an. Dann sehen Sie das imposante Gebäude der BMW-Welt mit der einzigartigen Architektur. Sie werden wie ein VIP empfangen, bekommen feinstes Essen, schauen sich die aktuellsten BMW-Modelle an, bewundern im angrenzenden BMW-Museum die Erfolgsgeschichte von BMW, besichtigen die robotergestützte Motorenfertigung – und dann, nach einer bewusst eingesetzten Wartezeit, die Spannung aufbaut, steht es da: Ihr neues Auto. Das macht Spaß und baut zudem das Vertrauen weiter aus. Nicht zu empfehlen sind hingegen die Qualitätscheck-Anrufe nach dem Auftrag à la: »Wir rufen im Auftrag Ihres Autohändlers an, bei dem Sie vor einer Woche den Service haben machen lassen …« Wenn ich das höre, lege ich meistens wieder auf, weil ich für die folgenden 98 Detailfragen weder Zeit noch Lust habe.

Mein Mercedes-Händler holt das Fahrzeug ab und bringt es mir wieder ins Büro. Die Schlüsselübergabe erfolgt durch den Meister oder Vorarbeiter persönlich, der mir erklärt, was gemacht wurde, eventuell auch zusätzlich auf Kulanzbasis, und dann mit einem Lächeln fragt: Sind Sie zufrieden? Das ist nicht viel oder sonderlich originell, aber doch mehr, als die meisten Händler bieten.

Um es linkshirnig auszudrücken: Es ist also völlig logisch, emotional zu sein. Es macht Sinn, und auch wenn es zunächst mehr Aufwand zu sein scheint, vereinfacht und beflügelt es den Marketingerfolg, denn:

- es zwingt die Marketing-Verantwortlichen dazu, immer wieder über die Vorlieben und Neigungen des Kunden nachzudenken,
- es fördert die Innovationskraft bei Produkten, Dienstleistungen, Prozessen und bei den Mitarbeitern, denn die Extras von heute sind der Standard von morgen,
- es beflügelt die Bereitschaft des Kunden, hier zu kaufen, und immunisiert ihn gegenüber dem Wettbewerb, jedenfalls solange der nicht besser wird als Sie.

Je besser Ihr Produkt oder Ihre Dienstleistung, desto weniger emotionale Würze ist notwendig. Aber einen völligen Verzicht auf emotionale Beschleuniger sollte und kann sich kaum jemand leisten.

4. Einfach unwiderstehlich: Beste Kundenkommunikation

Welche Erfahrungen haben Sie mit Hotlines? Wer eine solche kostenpflichtige Nummer wählt, zehn Minuten in der Warteschleife hängt und allein dafür schon fünf Euro bezahlen soll, ist bereits bedient, wenn er endlich jemanden am Apparat hat. Meldet sich dann noch eine völlig überlastete, ungeschulte Servicekraft, die um das eigentliche Problem herumredet, ist man mehr als bedient. Wenn einem das dann zum zweiten Mal passiert, ist man nicht nur auf die eine Servicekraft, sondern auf das Unternehmen als Ganzes sauer. Dass es in Deutschland einen Mangel an professioneller, service- und lösungsorientierter Kundenkommunikation gibt, ist für niemanden neu. In den USA ist das anders. Dort hat der höfliche, freundliche Dialog mit dem Kunden einen ganz anderen Stellenwert, nicht nur bei Hotlines.

Beispiel

Als ich vor ein paar Jahren in Florida mit einem Mietwagen eine unbemannte Mautstation ohne Bezahlen passiert habe, da ich keine Münzen dabei hatte, bekam ich von der deutschen Niederlassung der Mietwagenfirma einen Nachforderungsbescheid über 0,75 US-Dollar plus 30 Euro Bearbeitungsgebühr. Not funny. Hätte ich mich der Hotline der deutschen Mietwagenfiliale anvertraut, wäre ich wahrscheinlich ausgerastet. Da war es schon besser, dass ich die Hotline der Autobahn-Direktion, die für die Mauterhebung zuständig ist, in den USA angerufen habe. Die hatten eine internationale 00800-Nummer. Die Dame dort hatte Verständnis für meine Lage und erließ mir die 0,75 US-Dollar. Daraufhin verständigte ich dann die Mietwagenfirma in Deutschland, dass keine Maut mehr offen sei. Und was wollte die Mietwagenfirma: 30 Euro Bearbeitungsgebühr. Tja – Sie sagen vielleicht, dass die Mietwagenfirma im Recht war, weil ihr durch mein Verschulden Kosten entstanden waren. Aber wie verhältnismäßig ist das? Oder anders gefragt: Wäre das nicht eine Gelegenheit gewesen, einen guten Kunden so richtig happy zu machen? Bei unzähligen Mietwagenbuchungen von mir pro Jahr ziemlich großes Pech für die Mietwagenfirma.

Wie viele solcher Exkunden haben Sie? Zielgerichtete Kundenkommunikation ist alles, ohne sie läuft nichts. Kann das jeden Tag vorbildlich gelingen? – Natürlich nicht, denn es gibt in der Tat auch Kunden, die offenbar ihre schlechte Laune einfach irgendwo abladen müssen. Aber solche Fälle der gescheiterten Kommunikation müssen die absolute Ausnahme sein. Deshalb hier einige einfache Tipps für umsatzfördernde Kundenkommunikation.

Flirtschule: Lernen Sie von Marketingprofis

Haben Sie schon einmal den Versuch unternommen, angetrunken oder gar volltrunken einen Flirt mit einer netten Frau oder einem netten Mann zu beginnen? Das ist meist lustig, aber selten erfolgreich, sofern Ihr Gegenüber nicht mindestens denselben Alkoholpegel wie Sie hat. Warum ich Sie das frage? Nun, manchmal habe ich den Eindruck, einige Verantwortliche für die Kundenkommunikation würden sich im Dauerrausch befinden. Ich bin ja selbst oft genug Kunde und treffe dabei auf ganz plumpe Versuche, mich für etwas zu gewinnen. Oder ich finde Anschreiben in meinem Briefkasten, die ich erst nach dem dritten Lesen so richtig verstanden habe. Oder ich erhalte semiprofessionelle Anrufe aus Callcentern: »Guten Tag, Herr Haider, sind Sie im Haus zuständig für den Einkauf von Büromaterial? Ich habe heute ein ganz besonders tolles Angebot für Sie!«

Was also muss man tun, um einen Menschen wirklich für sich zu gewinnen, und zwar auf Dauer?

- **Überlegen Sie, wen Sie für sich gewinnen wollen:** Wer weiß, wen er sucht, erkennt den anderen eher, ist besser über ihn informiert und kann sich spezialisieren.
- **Putzen Sie sich entsprechend heraus:** Je attraktiver Sie für die Zielperson sind, desto eher bekommen Sie Aufmerksamkeit.
- **Bereiten Sie sich auf den Fall der Fälle vor:** Je ausgefeilter Ihre Kommunikationsmuster beim ersten Kontakt sind, desto eher erfolgt der zweite Kontakt. Achtung: Vorbereiten heißt nicht auswendig lernen, die Kommunikation muss flexibel, spontan und situativ sein.

- **Halten Sie eine Überraschung parat:** etwas, was die Zielperson nicht erwartet hat. Das kann beispielsweise ein kleines Geschenk, eine schöne Geschichte oder eine Einladung sein.
- **Überlegen Sie sich bereits im Vorfeld die nächsten Schritte:** Nichts ist schlimmer, als wenn ein dicker Fisch am Haken ist und dann die Ausrüstung fehlt, ihn an Land zu bringen. Der Vorschlag, wie es nach dem ersten Flirt weitergehen kann, kommt selten von der gesuchten Person; hier ist derjenige gefordert, der den Kontakt gesucht hat. Das Minimalziel besteht darin, die Kontaktadresse des Gegenübers zu erhalten, um dranbleiben zu können. Und ein Bild von der glücklichen gemeinsamen Zukunft, die viel Spaß und Mehrwert verspricht, ist dafür eine der besten Voraussetzungen.

Neben aller sorgfältigen und professionellen Vorbereitung gibt es eine weitere Voraussetzung für den Erfolg: die grundsätzliche Bereitschaft der Zielperson, sich zu »verlieben«. Diese Bereitschaft kann von Ihnen kultiviert werden, aber der Keim dafür muss beim Gegenüber bereits vorhanden sein.

Sie werden als Autoverkäufer, der den Kontakt sucht, wenig bis keine Chance bei einer Person haben, die gerade von einem anderen Autoverkäufer über den Tisch gezogen worden ist. Diese Wunde muss meist erst heilen, bevor sich dann vielleicht wieder die Bereitschaft entwickelt, sich auf ein neues Abenteuer einzulassen. Das Schöne ist: Sowohl in der Liebe als auch beim Konsum besteht ein natürliches Verlangen nach dem nächsten Mal.

Wer macht beim Flirten oder im Marketing eigentlich den ersten Schritt? Das hängt – neben dem eigenen Selbstvertrauen – auch davon ab, wie attraktiv Sie und die Zielperson sind. Brad Pitt zieht mehr Frauen an, als er selbst je ansprechen könnte; das nennt man Sog-Marketing. Es ist allerdings durchaus vorstellbar, dass er um Angelina Jolie werben und den ersten Schritt tun musste. Auch hier zeigt sich also: Je mehr Sie an sich, an Ihrem Sixpack, Ihrer Kleidung, Ihrer Ausstrahlung usw. arbeiten, je besser also Ihr Produkt ist, desto einfacher ist Marketing.

Bedeutet das eigentlich, dass diejenigen, die ein Attraktivitäts-Handicap haben, weniger Partner finden? Grundsätzlich ja, die Anzahl potenzieller Interessenten ist theoretisch kleiner. Allerdings löst sich das Problem, wenn der Betreffende im richtigen Markt sucht.

Der erste Schritt erfordert natürlich immer etwas Mut. Wird mich die Zielperson mögen und akzeptieren, was will sie wohl hören, bin ich attraktiv genug für sie, womöglich hat sie gerade keine Zeit oder Lust? Die Befürchtungen sind so vielfältig wie die Situationen, die Sie draußen vorfinden. Dagegen hilft nur die richtige Vorbereitung, denn wenn Sie sich richtig aufstellen und vorbereiten, wächst automatisch Ihr Selbstvertrauen, auf andere zuzugehen. Wenn Sie dann erste Erfolge eingefahren haben, wird Ihnen das sogar Spaß machen. TUN ist die Devise – und wie der bekannte Erfolgstrainer Jörg Löhr rolle ich dieses kleine Wort gern von hinten auf:

Nicht Unnötig Trödeln!

Aber damit es noch besser gelingt, hier drei bewährte Gesprächsthemen, um mit einem potenziellen Kunden Kontakt aufzunehmen:

- **Aktuelles:** »Wie hat Ihnen der letzte Referent gefallen?«, »Was halten Sie von der gestrigen Rede von XY?«, »Waren Sie heute auch vom Bahnstreik betroffen?«
- **Persönliches:** »Ich sehe, Sie arbeiten auch mit dem iPhone. Welche Apps sind Ihre Favoriten?«, »Sie schreiben mit Mont Blanc – ist er den Preis wert?«, »Sie fahren auch Porsche, kennen Sie schon das neue Modell?« Wenn Menschen Statusobjekte präsentieren, sprechen sie übrigens in der Regel gern darüber.
- **Empfehlungen:** »Kennen Sie sich in dieser Stadt aus? Könnten Sie mir ein gutes Restaurant empfehlen?«

Fragen, fragen, fragen Sie. Ihr Interesse am anderen ist der Schlüssel zum Interesse des anderen an Ihnen. Es gibt sicher noch Hunderte Möglichkeiten, ein Gespräch zu beginnen, genauso wie es Hunderte Möglichkeiten gibt, zu flirten. Aber mir haben diese drei Themenfelder beim Netzwerken immer sehr geholfen, erstes Interesse aufzubauen. Und wie beim Flirten gilt: Eine hundertprozentige Erfolgsquote gibt es leider nicht.

Wenn Sie aber auf die Bereitschaft gestoßen sind, das Gespräch fortzusetzen und zu vertiefen, folgt gewöhnlich recht bald die Frage: »Was machen Sie denn beruflich?« Jetzt benötigen Sie eine einfache, aber wirkungsvolle Kurzpräsentation, die zu beruflichem Interesse führt. Viele nennen das »Elevator Pitch«, wobei der Begriff, übersetzt »Fahrstuhlgespräch«, auf die Kürze der Darstellung abhebt. Wir nennen diese marketingorientierte Kurzvorstellung MBA-Modell. Die Abkürzung steht für: *Mehrwert, Begeisterung* und *Appell.*

Ein Flirt ist an einen günstigen Augenblick geknüpft. Dieser Augenblick ist schwer planbar, aber gut vorzubereiten für den Fall, dass er eintritt. Ganz wichtig ist dabei Ihre Einstellung. Aufschub, Unentschlossenheit, Zweifel, Skepsis, Angst sind verständlich, aber nicht nötig. Je öfter Sie es probieren, desto schöner wird es.

Bitte beachten Sie: Nicht jedes Nein beim Flirten und schon gar nicht im Marketing hat mit Ihnen zu tun, ich behaupte sogar: Je besser Sie sich aufstellen und vorbereiten, desto weniger haben Neins mit Ihnen zu tun. Andererseits: Je höher die Nein-Quote, desto mehr sollten Sie an sich und an Ihrer Vorbereitung arbeiten.

Kurzpräsentation: Das MBA-Modell

Ein »Elevator Pitch« ist frei übersetzt ein Verkaufsgespräch. Stellen Sie sich vor, Sie befinden sich in einem Aufzug und Ihr Idealkunde steigt plötzlich ein. Was müssen Sie tun, um das Erstinteresse dieses Idealkunden in den rund dreißig Sekunden, die die Fahrt von einem der oberen Stockwerke bis zum Erdgeschoss dauert, zu gewinnen?

Eine Antwort auf die Frage »Was machen Sie eigentlich beruflich?« oder ähnliche Fragen sollte eigentlich für niemanden ein Problem sein. Wir wissen doch, was wir tun, und wenn wir Freunden oder Familienmitgliedern unsere Aufgaben erklären, klingt das meist kompakt, verständlich, natürlich und hoffentlich auch begeisternd. Aber sobald wir in die Rolle des Marketingfachmanns oder Verkäufers schlüpfen, spielen wir eine Rolle. Das nimmt uns dann die Unbefangenheit und Überzeugungskraft. Was können Sie also konkret tun?

Ich möchte Ihnen hier ein ganz einfaches Rezept mitgeben, das auf den drei Elementen *Mehrwert, Begeisterung* und *Appell* (MBA) beruht. Sie können es für ein Drei-Minuten-Gespräch genauso nutzen wie für ein Dreißig-Sekunden-Gespräch.

1. Mehrwert aufzeigen und Vertrauen aufbauen: Für einen potenziellen Kunden sind das Interessanteste an Ihnen Ihre Nutzenversprechen, insbesondere wenn Sie etwas anbieten, was sonst keiner bietet. Das bedeutet einen klaren Mehrwert. Erst danach interessiert sich Ihr Gegenüber vielleicht dafür, warum Sie das können. Ihre Ausbildung und Ihre Erfahrungen sollten Sie also, wenn überhaupt, erst in einem zweiten Schritt ansprechen. Erst Ihr Lösungsangebot mit dem Nutzen, dann Sie! Sofern es die Zeit und der Gesprächspartner zulassen, können Sie ein bis zwei Belege für Ihr Versprechen liefern, dass Ihr Angebot wirklich top ist und hilft. Wichtig ist, dass aus dem Gespräch weder eine Beweisaufnahme noch eine Selbstbeweihräucherung wird.

2. Innere Begeisterung: Wenn Sie Ihrem Gegenüber den Mehrwert aus Ihrem Angebot aufzeigt haben, war das hoffentlich schon begeisternd. Fokussieren und verstärken Sie bitte danach diese Begeisterung, zum Beispiel mit einem Satz über Ihre Firmenphilosophie oder den Claim, über einen Missstand, den jeder aus seiner Praxis kennt, den Sie aber beheben, über Ihren größten bzw. letzten Erfolg. Empfehlenswert ist auch ein interessantes Ereignis, das Aufmerksamkeit schafft, Ihr Gegenüber zum Schmunzeln bringt oder überrascht, vielleicht sogar provoziert. Hauptsache: Ihre Augen leuchten dabei, Ihr Gesprächspartner spürt Ihre Begeisterung für das, was Sie bieten und tun.

3. Angebot formulieren, Appell senden: Wenn nun Schritt 1 und 2 das Interesse Ihres Gesprächspartners geweckt haben und er erfahren hat, dass das auch noch Spaß macht und vor allem was bringt (weit mehr, als er investieren muss), dann sollten Sie den abschließenden, völlig logischen Schritt tun: Formulieren Sie ein interessantes Angebot oder einen Appell. Dafür zwei Tipps:

- Oberstes Ziel ist es, dass Sie die Kontaktdaten und vor allem das Einverständnis Ihres Gesprächspartners zum nächsten Kontakt bekommen, damit Sie später auf ihn zurückkommen können und ihn am besten nie mehr loslassen. Daher gilt: Nicht Sie geben jemandem

Ihre Visitenkarte zuerst, vielmehr fragen Sie nach der des Gegenübers.

- Erst etwas geben, dann nehmen: Sie bekommen die Visitenkarte Ihres Gesprächspartners am leichtesten, wenn Sie etwas kostenlos anzubieten haben, was einen Wert hat. Dies kann zum Beispiel eine Gratisprobe, ein kostenloses Büchlein mit ersten Informationen zu Ihrem Thema oder eine Einladung zu einer Veranstaltung sein.

Wenn das Gespräch ins Stocken gerät, empfiehlt es sich immer, eine einfache Frage zu stellen. Insbesondere am Schluss. Die banale Frage »Darf ich Ihnen weitere Informationen zukommen lassen?« ist besser als ein Abschluss ohne Ergebnis.

Der Aufbau neuer Kontakte funktioniert also dann am besten, wenn Sie – wie der Weihnachtsmann – einen Sack voller schöner Geschenke vorbereitet haben. Keine großen Dinge, sondern zu Ihnen und Ihrem Angebot passende Kleinigkeiten, die aber schon überzeugen, werthaltig sind und Hunger auf mehr machen.

Übrigens: Die häufigste Frage nach einem erfolgreichen MBA-Elevator-Pitch ist: »Was bieten Sie dazu konkret an, was kann ich bei Ihnen kaufen?« Dazu sollten Sie dann ein schlüssiges Produkt- und Vorgehenskonzept aufzeigen können.

Was kommuniziert Disney, wenn die Frage kommt, was sie anbieten? »We create happiness by providing the finest in entertainment for people of all ages, everywhere.«

Auftreten: Platinum-Regeln der Selbstdarstellung

Beispiel

Die Gebrüder Albrecht, die Begründer des Aldi-Imperiums, gehörten zu den reichsten Deutschen. Als Theo Albrecht im Sommer 2010 starb, wurde die Meldung vom Tod des Milliardärs erst in den Medien verbreitet, als dieser bereits im Kreise seiner Familie beerdigt war. Die Nachricht sollte natürlich mit einem Porträtfoto unterlegt werden – und dazu mussten die Journalisten auf eine uralte Aufnahme zurückgreifen, aufgenommen einen Tag nach seiner Entführung im November 1971, da ansonsten keine Bilder im Umlauf waren.

Die Entführer hatten übrigens angesichts des alt und schäbig wirkenden Anzugs schon befürchtet, den Falschen erwischt zu haben. Theo Albrecht musste ihnen seinen Ausweis vorlegen.

Selbstdarstellung haben Karl und Theo Albrecht also nicht betrieben. Aber die Marke als Billig-Discounter haben sie optimal positioniert.

Wer eine *Produktmarke* darstellen will, braucht ein sehr gutes Produktkonzept, eine entsprechend hochwertige Verpackung mit jeweils attraktiven Eigenschaften und hohem Nutzen. Und dann viel Kommunikation in der Zielgruppe – über alle Kanäle in der Sprache, die das Zielpublikum schätzt. Und er braucht Empfehlungen der einmal gewonnenen Kunden. Bei einer Markenkommunikation spricht also jemand über das Produkt. Der Sender der Marketing-Nachricht ist nicht gleichzeitig auch der Hersteller des Produkts selbst.

Bei *Personen-Marken* ist das etwas anders. Wer sich selbst positioniert und verkauft, kommt um eine professionelle Selbstdarstellung gar nicht umhin. Das bedeutet eben auch, dass Sie über sich sprechen müssen oder dürfen. Uuuuh – das mögen viele Experten gar nicht. Da haben wir erlernte Programme im Kopf wie »Selbstlob stinkt«. Was für ein Unsinn. Wer sich mithilfe überzeugender Argumente positiv darstellen kann, wirkt glaubhaft kompetent. Solche Selbstdarstellung hat mit Egozentrik oder Überheblichkeit nicht das Geringste zu tun. Gelegentlich treffe ich die Selbstverliebten am Markt, die am liebsten nur über sich und ihre göttergleichen Errungenschaften sprechen wollen, die üblichen Schulterklopfer erwarten und oft gar nicht merken, dass der Kunde zwar nickt und vielleicht sogar Ja sagt, aber Nein meint. Wirkungsvoll hingegen ist der selbstbewusste Hinweis auf Erfolge: »Stiftung Warentest hat unsere Serviceleistungen mit ›gut‹ bewertet« oder »Die Verleihung des Deutschen Innovationspreises für unser Leistungssystem X hat großes Presseecho hervorgerufen«. »Selbstdarsteller« ist für mich daher alles andere als eine Beleidigung oder gar ein Schimpfwort! Marketing lebt von der Selbstdarstellung. Wichtig ist, dass sie zu Ihnen und Ihrem Angebot passt, zielorientiert ist und sich in der Dosierung jeweils an der Zielperson orientiert.

Beispiel

Vor einigen Jahren waren meine Familie und ich in San Diego. Eine wunderschöne amerikanische Stadt am Pazifik nahe der mexikanischen Grenze. Normalerweise drängt es mich nicht in einen Meeres-Themenpark oder ein Aquarium, wenn ich das offene Meer vor der Nase habe. Aber auf dem Weg dorthin präsentierte sich »SeaWorld« so beeindruckend, dass es uns doch hingezogen hat. Wenn es um Selbstdarstellung geht, sind Amerikaner eben fast durch nichts zu überbieten. Gelegentlich geht uns das zu weit – alles ist gigantisch, world's best, best ever ... Dort funktioniert das aber ganz gut und so standen wir zu viert am Eingang von SeaWorld. Vor uns warteten schon etwa fünfzig Besucher in der Schlange. Aber irgendwie bestärkt einen das ja auch, wenn dort so viele hin wollen. Allerdings wollte ich an der Kasse wieder umdrehen, als die nette Dame mir den Gesamteintrittspreis von über 200 US-Dollar für uns als Familie mitteilte. Wir wollten ja nicht eine Woche bleiben, sondern einen Tag. Doch wenn man schon mal da ist und dreißig Minuten gewartet hat ... Wir also rein ins Getümmel. Und dann kam eine Wasser- und Fun-Attraktion nach der nächsten. Eine spritziger, lustiger und extremer als die andere, teilweise außerhalb meiner Komfortzone, denn wir wurden richtig nass.

Dreißig Minuten Wartezeit waren gar nichts gewesen angesichts der ewig langen Schlange, in die wir uns nun einreihten, um uns die Walvorführung anzuschauen. Irgendwann hatten wir aber auch das geschafft und saßen in diesem riesigen Theater, das einigen Tausend Menschen Platz bietet. Wir warteten jetzt also auf aus dem Wasser hüpfende Wale, wie man sie halt im Fernsehen schon mal gesehen hat.

Doch dann begann eine Show der Superlative mit Meeressäugern der Superlative. Auf zwei riesigen Leinwänden wurde, untermalt von beeindruckender, emotionaler Musik, eine Geschichte in die Pool-Arena projiziert: Ein kleiner Junge schließt Freundschaft mit einem jungen Wal und wächst mit ihm zusammen auf. Die Geschichte erreicht ihren Höhepunkt, wenn dieser Junge dann als junger Mann live auf die Bühne geht und mit dem Wal aus dem Film, dem berühmten »Shamu«, seine Freundschaft in Form von beeindruckenden Wal-Dressur-Kunststücken vor dem Publikum live präsentiert. Eine einstündige Show, die die Menschen zum Weinen und Lachen bringt und ganz viel Bewunderung einheimst. Durchkomponiert von A bis Z mit einer Dramaturgie vom Feinsten. Emotional aufgewühlt verlässt man am Ende der Vorstellung die Arena, um danach gleich im Shop viele Shamu-Souvenire zu kaufen.

Warum erzähle ich Ihnen das zum Thema Selbstdarstellung?

Selbstdarstellung hat für mich viel mit Dramaturgie und Emotion tun. Auf keinen Fall sollten Sie es dem Zufall überlassen, wie andere über Sie denken. Der Film, den Ihre (potenziellen) Kunden von Ihnen im Kopf speichern sollen, muss Konstanz aufweisen. Je nach Zielgruppe können Sie ruhig die eine oder andere Szene mal etwas anders spielen, aber die Story bleibt im Prinzip immer gleich: Wer sind wir, was bieten wir, wie sind wir, was hat der andere davon?

Der Erstkontakt ist oft Improvisationstheater, aber selbst das ist in den Grundzügen vorab geplant und gut geübt worden. Ab dem zweiten Kontakt zum Kunden setzt das eigentliche Stück ein, das fein durchdacht ist.

Um diesen Prozess einfach zu gestalten, können Sie sich an meinen PLATINUM-Regeln der Selbstinszenierung orientieren:

- **P**osition: Wer sind Sie? Ich bin Experte für ... Wir produzieren ... Eine Selbstinszenierung lebt von dem Selbstverständnis, der eigenen Definition und / oder der realen Positionierung am Markt.
- **L**eistung: Was bieten Sie? Was kann der Kunde genau bei Ihnen kaufen? Inszeniert wird immer rund um das Angebot. Die Story eines Verkaufstrainers sieht naturgemäß anders aus als die eines Architekten.
- **A**dressat: Wen suchen Sie? Vor wem wollen Sie sich darstellen? Wer ist Ihr idealer Kunde und welche Art oder Dosis von Inszenierung liebt er? Das ist bei Wirtschaftsprüfern sicher anders als bei Autoverkäufern.
- **T**hema: Was ist Ihre Story? Ist sie fesselnd? Welcher Film entsteht im Kopf Ihres idealen Kunden, wenn er Sie – egal über welchen Kommunikationskanal – wahrnimmt?
- **I**nszenierung: Wie setzen Sie Ihre Story und Botschaft in Szene? Als Komödie (Humor)? Als Krimi (Spannung)? Als Dokumentar-

film (Fakten)? Oder als eine Mischung? Welche Farben, Elemente, Requisiten, Worte, Lautstärke usw. verwenden Sie?

- **N**utzen: Was hat der Kunde von Ihnen? Welches Problem lösen Sie bei ihm? Machen Sie ihn reicher?
- **U**nd jetzt: Wie soll es weitergehen? Was ist Ihr Appell? Was soll der nun hoffentlich begeisterte Kunde tun, damit der Akquisitionsprozess weitergeführt oder abgeschlossen werden kann? Welches Tool (Antwortformular im Flyer, Kontaktformular online etc.) haben Sie dafür vorbereitet?
- **M**ut: Ist Ihre Darstellung anders, außergewöhnlich, begeisternd? Sind Sie ein Stück positiv verrückt? Unterscheiden Sie sich vom Durchschnitt? Sind Sie erkennbar besser als der Wettbewerb?

Beim Erstkontakt, aber spätestens nach dem Erstkontakt ist Inszenierung nach dem MBA-Modell unverzichtbar. Der Kunde muss von unserer Aufführung oder unserem Film begeistert sein. So, dass er uns sofort weiterempfiehlt. Ich kenne nur wenige Anbieter, die ganz ohne fremde Unterstützung alles allein gestalten können. Werbeagenturen, Markenagenturen, Grafiker, Webdesigner, Texter – es gibt zahlreiche professionelle Dienstleister, die Ihnen dabei helfen können, eine PLATINUM-Selbstdarstellung zu entwickeln, sich abzugrenzen und zu überzeugen.

Ein zentraler Bestandteil einer überzeugenden Selbstinszenierung ist *Konstanz*. Eine einmal aufwendig gestaltete Inszenierung, die Begeisterung hervorrufen soll, muss sich in den wesentlichen Grundzügen überall durchziehen: im Flyer, auf der Website, bei der telefonischen Begrüßung, beim persönlichen Kundenkontakt, bei der Verkaufspräsentation. Ja – Inszenierung schafft Marke, was unter anderem bedeutet, dass sich die Selbstinszenierung weder monatlich noch jährlich ändern darf, allenfalls nach mehreren Jahren. Das schließt, wie bereits erwähnt, nicht aus, dass man einzelne Szenarien auf den jeweiligen Kunden zuschneidet.

Werbemittel: Weniger ist mehr

Beim Schreiben dieses Buches habe ich das Thema Werbemittel immer vor mir hergeschoben. Ich wusste, dass ich es nicht unter den Tisch fallen lassen könnte, aber mir war auch klar, dass es das schwierigste Kapitel werden würde. Nicht, weil das Thema so komplex ist, sondern weil die Ausgestaltung so vielschichtig ist, dass es kaum möglich ist, in der gebotenen Kürze ein Rezept für alle Fälle zu entwickeln. Jeder Flyer ist anders, jede Website individuell, jedes Give-away nimmt Bezug auf eine Aktion, ein Produkt, eine Situation ... Wie soll man das auf einen Nenner bringen?

Jedes Unternehmen benötigt exzellente Kommunikationsmittel für einfaches, erfolgreiches Marketing. Es gibt aus meiner Sicht allerdings kein Patentrezept für das Werbemittel schlechthin. Aber wir können das Pferd von hinten aufzäumen: Es gibt Fehler, auf die ich immer wieder stoße. Und die können Sie vermeiden! Schauen wir uns die drei wichtigsten Gruppen von Werbemitteln an: *Druck-Werbemittel, Online-Werbemittel* und *Give-aways:*

1. Druck-Werbemittel, also im Wesentlichen Flyer und Broschüren:

- *Das Design passt nicht zu Firma (Marke) und Botschaft:* Achten Sie auf ein stimmiges Gesamtbild. Die Deutsche Telekom AG zeigt sich im Print mit der Farbe Magenta, eckigen Formen und Personenbildern usw. – durch die Stetigkeit dieser grafischen Elemente entsteht ein Wiedererkennungswert, der zur Markenbildung bzw. -stärkung beiträgt. Was sind Ihre Formen, Farben, Bilder? Sieht man Ihren Broschüren, Flyern, Anzeigen, Plakaten auf den ersten Blick an, dass sie von Ihnen stammen?
- *Die Titelseite lädt nicht zum Umblättern ein:* Erkennt der Leser Ihrer Werbebroschüren innerhalb von drei Sekunden, um was es geht und was es ihm bringt? Entdeckt er etwas Spannendes? Ist die Headline klar, außergewöhnlich, macht sie neugierig? Beschreiben Sie kurz den Nutzen auf der Titelseite? Unterstützt ein Eyecatcher die Hauptbotschaft? Gibt es eventuell, insbesondere bei kleineren Druckwerken, sogar schon einen Appell?
- *Bilder und Grafiken passen nicht oder schweben »im bezugslosen Raum«:* Haben Sie visuelle Attraktoren in Ihre Werbemittel integriert, die die jeweilige Botschaft unterstützen (und zu Ihnen passen), das

Auge von A über B nach C bis hin zum Appell leiten? Da die heutige Generation stark visuell orientiert ist, sind sehr textlastige Medien nicht so empfehlenswert.

- *Die Texte sind zu lang, zu kompliziert, zu wenig nutzenorientiert:* Die Kunst, etwas kurz und prägnant zu sagen, ist eine hohe Disziplin, zumal immer weniger Menschen viel lesen wollen. Grundsätzlich gilt: Je komplexer und/oder je teurer das Angebot, desto länger muss der überzeugende Text sein. Aber stets nach dem Grundsatz: Nutzen vor Eigenschaften. Und wenn Eigenschaften genannt werden, muss deutlich gemacht werden, welche Vorteile sie für den Käufer haben: »Ich bin Mitglied des XY-Verbands und nehme regelmäßig an den Schulungen des Verbands teil. So bin ich immer auf dem aktuellen Stand. Das bedeutet für Sie: hoher Qualitätsstandard und umsetzungsorientierte Wissensvermittlung.«

Denken Sie beim Texten auch an die Querleser. Nutzen Sie die Möglichkeiten der Hervorhebung, damit jeder die Hauptargumente auf einen Blick erfassen kann. Und schreiben Sie so, dass es jeder versteht. Kurze Sätze sind besser als Schachtelsätze. Mein Lehrer hat schon früher immer gesagt: Wer viel schreibt, weiß nichts. Es gibt zwar amerikanische Copy-writing-Gurus, denen zufolge lange Texte mehr verkaufen als kurze. Das gilt jedoch für den deutschsprachigen Raum aus meiner Sicht nur insofern, als teure, komplexe Angebote längere Texte benötigen, um verkauft zu werden.

- *Langweilige, unpraktische Formate:* Jeder, der ein gedrucktes Werbemittel mitnimmt, ist froh, wenn es ein handliches Format hat und etwa in die Handtasche oder ins Sakko passt. Nicht zu hart, nicht zu groß, nicht zu dick. Für Detailinfos können Sie in der Broschüre auf die Website verweisen.
- Auch Kreativität bei der Gestaltung verschafft Ihnen Aufmerksamkeit. Sprechen Sie mal mit Ihrer Agentur – vielleicht über die Möglichkeit kleiner Taschen in den Broschüren, die Platz für DVDs oder Visitenkarten bieten. Wichtig: *Eine* originelle Idee zum Format reicht, aber die sollte auch sein.

2. Online-Werbemittel, also im Wesentlichen Website, Landing-Page, Blog:

- *Die Homepage-Struktur ist zu wenig verkaufsorientiert:* Websites sollten im Prinzip drei Funktionen erfüllen: informieren, verkaufen, Community aufbauen. Die meisten deutschen Websites informieren nur.

Ein Internetnutzer hat jedoch keine Lust und Zeit, lange zu suchen, sondern er kommt mit seinem Bedarf an und entscheidet in wenigen Sekunden, ob er hier richtig ist oder nicht. Daher braucht die Homepage eine klare Struktur von links oben nach rechts unten und muss die wichtigsten Fragen der Besucher beantworten – und unbedingt auch den Nutzen aufzeigen.

- *Zu viel Grafik und Schnickschnack auf der Website:* Ich kenne nicht viele Menschen, die Musik beim Öffnen einer Website mögen. Auch alle üppigen Flash-Animationen, automatisch startenden Videos und blinkenden Banner sind nur dann gut, wenn sie auf das Wesentliche aufmerksam machen: Was kann ich hier kaufen, welches Problem wird gelöst, was nützt es mir?
- *Zu viele Seiten und Ebenen:* Kein Mensch möchte Werbemittel mit mehr als fünfzig Seiten Umfang. Zählen Sie mal die Seiten Ihrer Internetpräsenz oder die Ihrer Wettbewerber, das sind oft weit mehr Seiten. Übersichtlichkeit zählt, weniger ist mehr. Maximal fünf bis sieben Hauptmenüpunkte, der Rest in kleinen Menüs für die blau strukturierten Besucher, die alle Details wollen. Leiten Sie Ihre Besucher zu den wesentlichen Punkten Ihrer Website: Nutzenargumente, Produktangebote, Shop, Aktuelles, Schnäppchen, Newsletter-Anmeldung ... Entscheiden Sie sich hier! Sie können nicht alles erreichen, sondern idealerweise ein bis zwei Hauptziele.

Die Hinweise zum gedruckten Werbemittel in Sachen Design, Grafiken und Text gelten übrigens auch für Online-Werbung.

3. Give-aways, also alle Geschenke, die beim Aufbau und bei der Intensivierung der Beziehung helfen:

Neben einem Firmenlogo (Nokia) und einem Claim (»connecting people«) bietet sich – bei einer wirklich guten Idee – ein Key-Visual an, das als Give-away dienen kann. Oder Sie entscheiden sich für eine haptische Verkaufshilfe, also zum Beispiel ein Baukasten- oder Stecksystem, das die Module Ihres Produktsystems aufzeigt und einem Kunden mitgegeben werden kann. Oder einfach eine kostenlose Broschüre mit den zwölf besten Tipps zu Ihrem Fachgebiet. Was auch immer es ist, vermeiden Sie bitte folgende Fehler:

- *Passt nicht zur Inszenierung:* Wenn Sie schon etwas produzieren lassen, dann aus einem Guss. In den Farben und Formen der Marke, passend zur Story und zum Ziel. Vermeiden Sie es, Give-aways in irgendwelchen Werbeshops einzukaufen, nur weil sie gerade schick sind, sofern sie mit Ihrem Produkt nahezu nichts zu tun haben.

- *Ist Standardware:* Generieren Sie etwas Individuelles, etwas aus Ihrem Haus. Die klassischen Warenmuster oder Probierpackungen sind dabei nicht die schlechteste Lösung. Sie sind zwar auch Standard, aber immerhin aus dem eigenen Haus und vertrauensbildend. Wenn schon ein Give-away, dann lassen Sie es gezielt für Ihr Angebot anfertigen.
- *Hat keinen Mehrwert:* Ziel ist doch, dass der Empfänger des Give-aways sich noch länger damit befasst, das Geschenk eventuell sogar auf seinen Schreibtisch stellt, sodass er ständig an Sie erinnert wird, dass er vielleicht so begeistert ist, dass er es seinen Kollegen zeigt. Die Realität sieht allerdings anders aus: Geschätzte neunzig Prozent aller Give-aways wandern nach Überreichen in den Müll oder werden an Kinder zum Spielen weitergereicht. Wenn es schon keinen inhaltlichen Mehrwert hat, dann geben Sie Ihrem Geschenk doch wenigstens einen materiellen.
- *Bei einer einmal gefundenen Lösung bleiben:* Das Extra von heute ist der Standard von morgen. Denken Sie nur an all die Geschenke der Banken, an die Sparschweine, Geldbeutel, aufblasbaren Schwimmreifen und Schlüsselanhänger mit ihrem Logo. Manchmal passt es ja und man braucht gerade zufällig mal so etwas – aber bringt das Umsatz? Selten. Trotzdem müssen die Banken das Spiel, das irgendeine Bank mal begonnen hat, mitspielen, da sonst manche Kunden abwandern, wenn alles andere auch nicht mehr stimmt. Also: Variieren Sie bei der Kreation Ihrer Give-aways, probieren Sie unterschiedliche Kategorien, überraschen Sie Ihre Kunden immer wieder.

Werbemittel sind wichtig, denn sie transportieren oder unterstützen Ihre Botschaft, aber im einfachen Marketing gilt auch hier: Ein Flyer oder eine Broschüre, eine sehr gute Website, gegebenenfalls je Schlüsselprodukt eine gut gestaltete Landing-Page und einige wenige Give-aways sind schon mehr, als die meisten am Markt überhaupt im Marketing-Werkzeugkasten haben. Gefragt ist nicht unbedingt ein riesengroßes Budget, sondern Kreativität, gepaart mit Leidenschaft. Für Kreativität gilt übrigens: Mehr ist mehr.

Ein besonderes, sehr interessantes Format eines gedruckten Werbemittels, das man alternativ auch in PDF-Form bringen kann, ist der

»Magalogue«, den ich bei dem amerikanischen Marketingguru Randy Gage kennengelernt habe. Dieses Kunstwort besteht aus den Wörtern »Magazine« und »Catalogue«, kombiniert also redaktionelle, »werthaltige« Inhalte mit dazu passenden Produktangeboten. Jeder liest gern interessante Texte, aber nur wenige lesen gern rein werbliche Prospekte oder klassische Produktkataloge, die einem ungefragt ins Haus geflattert sind. Doch Broschüren, die auf den ersten Blick wie hochpreisige Magazine wirken und attraktive redaktionelle Inhalte bieten, werden nicht umgehend ins Altpapier entsorgt, sondern über mehrere Tage aufbewahrt und gelesen. Die Produktangebote werden als Anzeigen mit Bestellformularen gestaltet und im Magalogue »inseriert«. Sie können bei der Erstellung eines ja durchaus aufwendigen Magalogues zum einen Experten mit ihrem Wissen einbeziehen, zum anderen aber auch unabhängige Anzeigenkunden mit an den Kosten beteiligen – wenn Sie das wollen.

Hier einige Tipps für Ihren Magalogue:

- Die grafische Gestaltung ist wichtig, daher ist ein professioneller Grafiker eine lohnende Investition.
- Die Leser sind Ihnen für echte Informationen und Hinweise, die Sie ihnen kostenlos geben, dankbar, und das wiederum erhöht ihre Kaufbereitschaft. Einen gut gemachten Magalogue wirft man nicht so leicht weg und Kunden kaufen oft noch Tage und Wochen nach Aussendung bzw. Überreichung.
- Alles, was dem Leser hilft, schnell den Nutzen zu entdecken, ist gut. Verwenden Sie gute Bilder als Eyecatcher, verweisen Sie gegebenenfalls aus den Texten heraus auf spezielle Landing-Pages für Einzelprodukte, integrieren Sie kurze Zusammenfassungen mit den besten Tipps aus dem Magalogue ...
- Werbung und Anzeigen dürfen maximal zwanzig Prozent ausmachen.
- Tell a story, make a point. Schreiben Sie über ein Thema, zum Beispiel über »Chancen und Gefahren von Nahrungsergänzungsmitteln«, und ordnen Sie dem Artikel am Ende einen kleinen, aber augenfälligen Produkthinweis zu, der auch eine sofortige Bestellung ermöglicht. Oder arrangieren Sie mehrere interessante Artikel so, dass sie aufeinanderaufbauen und letztlich Bedarf an einem Produktangebot erzeugen. Der Leser findet dann ganz hinten eine Bestellmöglichkeit zur Deckung seines Bedarfs.

- Arbeiten Sie zu beiderseitigem Nutzen mit einem renommierten Experten zusammen. Integrieren Sie einen Artikel von ihm oder ein Interview mit ihm in Ihren Magalogue und verkaufen Sie ihm dieses Engagement als Pressearbeit zu seinen Gunsten – denn Sie verbreiten seine Inhalte in Ihrem Magalogue an viele potenzielle Kunden. Sonnen Sie sich in der höheren Bekanntheit dieses Experten. Das machen die bekannten Experten nicht? Geht aber dennoch. Mut haben, höflich fragen, Nutzen versprechen!
- Arbeiten Sie mit guten Textern, die Bedarf wecken können. Wenn der Leser nach dem Lesen der Artikel nicht den Wunsch verspürt, Ihr Produkt zu testen, ist der Text nicht gut genug. Gute Texte können auf dezente Weise über Inhalte verkaufen, ohne dass der Leser das sofort registriert. Das ist das Handwerk jedes guten Texters.
- Legen Sie einen Verkaufspreis und damit einen Wert für den Magalogue fest, vergleichbar mit einem Magazin im Kiosk. Geben Sie ihm einen Barcode, eine professionelle Titelseite. Machen Sie einfach ein gutes Magazin – und wenn Sie es dann komplett ausreizen möchten, gründen Sie einen Verlag, werden Chefredakteur und Herausgeber, beantragen einen offiziellen Presseausweis und genießen die Vorteile eines Journalistendaseins mit vielen tollen Vergünstigungen und Zugängen zu Netzwerken, die Ihnen in Ihrer 4e-Marketingstrategie wiederum helfen, einige Türen zu öffnen und viele Schritte schneller voranzukommen.

Wenn Sie erst einmal das Konzept für Ihren Magalogue entwickelt haben, können Sie davon monate- bis jahrelang profitieren. Es ist eines der besten Give-aways und Netzwerk-Tools.

Sprache: Je einfacher, desto besser

Was lesen wir am liebsten? Das, was sich leicht liest und uns berührt. Wem hören wir am liebsten zu? Dem, der »unsere« Sprache spricht. Sprechen Sie auf einem Ärztekongress wie vor Erstklässlern, werden Sie wenig Ruhm ernten, denn dort weist einen die medizinische Fachsprache als Mitglied der Ärzteschaft aus.

Aber im Marketing ist Komplexität tabu.

Selbst bei Zielgruppen, die unter sich hoch spezialisiert kommunizieren, ist es nicht selten, dass derjenige Verkäufer von einem dieser Kunden vorgezogen wird, der zwar die Fachsprache versteht, sie aber bewusst nicht spricht.

Wie in vielen Bereichen des Wirtschaftslebens wird auch im Marketing häufig versucht, mit einer komplexen Fachsprache Expertenwissen zu beweisen oder den Expertenstatus zu verstärken. Natürlich müssen Sie in (technische) Details gehen, wenn Sie ein Kraftwerk verkaufen wollen. Gekauft wird aber nicht von dem, der das Produkt in jedem technischen Detail unter Einsatz aller Fachbegriffe vorstellt, sondern von dem, der zusätzlich zu einer fachlichen Kompetenz über die Fähigkeit verfügt, die komplexen Sachverhalte verständlich zu präsentieren. Von dem, der mit seiner einfachen und klaren Sprache Geradlinigkeit, Zuverlässigkeit, Vertrauenswürdigkeit und Offenheit signalisiert. Von dem, der den Umsetzungsprozess und vor allem den Nutzen am besten aufzeigen kann.

Beispiel

Nach meinem Studium war ich zunächst in einem Großkonzern tätig. Dort habe ich in der Abteilung Organisationsentwicklung unter anderem an vielen Software-Programmen mitgeschrieben. Die Software-Programme (Produkte) haben wir damals zusammen mit der Fachabteilung Logistik konzipiert. Hätten wir damals der Fachabteilung gegenüber von den Details und den Fachthemen der Programmierung gesprochen, insbesondere in diesem technischen IT-Fachvokabular, hätten wir dort wenig überzeugen können. Verständnisprobleme zwischen Betriebswirtschaftlern und Informatikern sind es ja letztlich auch gewesen, die zur Entwicklung eines neuen Studienfachs geführt haben, der Wirtschaftsinformatik – genau das hatte ich ursprünglich studiert. Unsere Aufgabe war es also, der Fachabteilung in der Sprache der Wirtschaftler die Ergebnisse des Reorganisationsprojekts und den Nutzen aufzuzeigen, um den internen Auftrag und entsprechend das Budget dafür erhalten. Dann haben wir uns zurückgezogen und viele Wochen und Monate »im Kämmerchen« mit IT-Profis programmiert, um am Tag X der Fachabteilung unser Produkt so zu präsentieren, dass die Ergebnisse klar werden, ohne über jede Programmzeile zu reden.

Bei der Kundenkommunikation geht es in der Regel nicht darum, den Kunden über jedes fachliche Detail zu informieren, sondern darüber, was er davon hat. Denken Sie zum Beispiel an die Versicherungsverkäufer: Die teils (rechtlich) komplexen Details des Versicherungsprodukts sollten sie nur dort erläutern, wo es unbedingt notwendig ist, während sie in epischer Breite schildern, welches für den Kunden belastende Risiko damit gemildert oder beseitigt wird. Der Versicherungsverkäufer verkauft also keine Versicherung mit all den Details, sondern ein gutes Gefühl, nämlich Sicherheit, Gelassenheit, ruhigen Schlaf.

Auch wenn es auch hier kein universelles Patentrezept für einfache Marketingsprache gibt, möchte ich Ihnen einige Orientierungshinweise mitgeben:

- Überlegen Sie vor dem Gespräch sehr genau, was den Gesprächspartner bewegt, wie seine aktuelle Situation aussieht, was er möchte *und* was er benötigt. Je besser Sie ihn kennen, desto eher können Sie die Kommunikation zum Ziel führen, idealerweise erreichen Sie Ihr Ziel und das Ziel des Kunden. Wenn nicht, gibt's vielleicht auch Geschäfte auf Basis von Kompromissen. Oder Sie »zweinigen« sich, also einigen sich auf zwei Meinungen und gehen gut gelaunt getrennte Wege.
- Überlegen Sie sich eine aufsteigende Dramaturgie, die am Ende den Gesprächspartner auf einem höheren Energielevel entlässt: hoffentlich mit einem Ja zu Ihren Argumenten und Ihrem Appell. Und: Ein Verkaufsgespräch, auf das sich ein Kunde gern eingelassen hat, darf auch auf den Verkauf hinarbeiten. Verkäufer, die um den heißen Brei herumreden, verschenken Chancen und Vertrauen. Trauen Sie sich, senden Sie Verkaufsappelle, und fragen Sie nach der Unterschrift, wenn der Kunde die Bereitschaft dazu signalisiert.
- Benutzen Sie kurze Sätze, setzen Sie mehr Punkte, weniger Kommas. Überlegen Sie vor allem, was Sie betonen und hervorheben wollen. Gestalten Sie attraktive Überschriften: indem Sie Fragen stellen, News preisgeben, Nutzen versprechen usw. – alles, was zum Ziel führt, ist gut.
- Achten Sie beim Vokabular darauf, dass es kein Fachchinesisch wird. Konzipieren Sie Ihre Texte so, dass Achtklässler sie verstehen.
- Bauen Sie Emotionen in Ihre Marketingpräsentation ein: Humor, Spannung, Überraschungen, Provokationen …

- Nutzen Sie in Ihrer Sprache visuelle Elemente, also zum Beispiel Metaphern und Vergleiche, und bauen Sie in Präsentationen Bilder, Audios oder Videos ein..
- Auch wenn Sie unter Verkaufsdruck stehen: Versuchen Sie, Ihre Margen beim Gespräch zu vergessen, ganz nach der Philosophie von Zeitmanagement-Papst Lothar Seiwert: Wenn Du es eilig hast, gehe langsam.
- Seien Sie gelassen: Lampenfieber und Nervosität lassen sich durch eine gute Vorbereitung auf das Gespräch und den Gesprächspartner erheblich reduzieren.

Mit zunehmender Marketingerfahrung formt sich auch eine professionelle Marketingsprache. Deshalb: Kommunizieren Sie mit Ihren Kunden so oft und so zielorientiert Sie können.

Je mehr Kundenkontakte, desto mehr Geschäft.

Der (potenzielle) Kunde bestimmt dabei die Regeln, der Verkäufer ist für das Ergebnis verantwortlich. Wenn es nicht zu einem Abschluss kommt, ist daran in der Regel nicht der »dusselige« Kunde schuld.

Abschließend vielleicht noch einige der wichtigsten Tipps für einfaches, professionelles und verkaufsorientiertes Texten:

- Nutzen Sie wo immer möglich den »dialogorientierten« Stil, also die direkte Ansprache des Lesers. Wir alle haben täglich mit hochkomplexen und viel zu *sachlichen* Texten zu tun. Unsere Zielgruppe sehnt sich danach, einfache, persönliche Texte zu lesen, die überzeugen. Blenden Sie eventuelle Business-to-Customer- oder Business-to-Business-Sprachmuster aus, schreiben Sie einen Text »von mir an dich«. Wenn der Leser sich emotional angesprochen fühlt, war's richtig.
- Gerade bei hochpreisigeren Produkten ist es ratsam, auch den »Mitentscheider« im Blick zu haben. Dies kann der über allen Fachabteilungen stehende Chef (mit Assistenz) oder auch der Lebenspartner sein. Muss Ihr Kunde einer dritten Person erklären, warum zum Beispiel ein 5000 Euro teures Drei-Tage-Seminar eine gute Investition ist?
- Bei guten Marketingtexten geht es entweder darum, den Leser auf

sein Kopfweh hinzuweisen und ihm gleichzeitig Aspirin anzubieten. Oder ihm das schöne Bild des fertigen Gartens zu zeichnen und gleichzeitig den Samen für die Pflanzen anzubieten.

- Was uns die Bild-Zeitung (»Wir sind Papst!«) jeden Tag vormacht, gilt auch hier: Die Headline entscheidet. Was denken Sie bei einer Überschrift zu einem Fachartikel wie: »Es ist Mittwochabend, 17.15 Uhr: Das Telefon klingelt …«? Sie wollen doch wissen, wer dran ist? Und warum gerade am Mittwoch um 17.15 Uhr?
  Elemente guter Headlines sind: Spannung, Fragen, News, Nutzen, Überraschungen, Faszination, Zitate …

Wie Sie ein guter Texter werden? Indem Sie

- texten, texten, texten,
- gute Kollegen, Partner und Freunde haben, die Ihnen beim Texten Feedback geben,
- Bücher dazu lesen oder Seminare besuchen,
- fertige Texte auf ihre Wirkung überprüfen und das Feedback nutzen, um
- wieder zu texten, texten, texten.

5. Einfach effektiv: Marketingturbos

Der größte Marketingturbo ist Ihr Produkt, Ihre Leistung, Ihr Angebot. Wie Sie schon wissen: Je besser es ist, desto einfacher ist Ihr Marketingerfolg. Darüber hinaus empfehle ich Ihnen noch einige andere Turbos, die ich Ihnen nun vorstelle.

One-to-one- als Basis für One-to-many-Marketing

Das Marketing von großen Konzernen ist offenbar häufig auf Massenkontakte ausgerichtet. Was werden da Millionen in Anzeigen, TV-Spots, Radiowerbung, Sponsoring, Product-Placement etc. gesteckt! Senden, senden, senden mit so vielen Kundenkontakten wie möglich. Massenkontakte vor Einzelkontakten, scheint die Devise zu lauten. Natürlich gibt es Branchen, die aufgrund ihrer Produkte eher flächendeckend und groß agieren müssen. Gerade große Firmen und Marken benötigen auch die Massenkommunikation, um im Gespräch zu bleiben, die Marke zu stärken, Impulse zu setzen usw. Aber sie benötigen genauso wie mittelständische und kleine Unternehmen das Bewusstsein, dass Kunden durch gute bzw. schlechte persönliche Kontakte kommen bzw. gehen. Wie schon erwähnt, sollten das kleine oder große magische Momente für jeden Kunden sein.

Für mich ist es auch eine Grundfrage der gesamten Unternehmensstrategie, wie wichtig den Chefs und den Mitarbeitern der persönliche Kontakt zum Kunden ist. Der persönliche Kontakt ist nicht immer zwingend, um Geschäfte zu machen, aber er hilft. Können Firmen, die Hunderttausende von Kunden haben, den persönlichen Kontakt zu ihren Kunden halten? Ein klares Ja – sie sollten es. Natürlich ist es einfacher, Millionen in Werbemaßnahmen zu stecken, die den Kunden zum Hörer greifen oder in den Laden kommen lassen. Aber die gleichen Millionen könnten in vielen Fällen ebenso verwendet werden, um jeden Kunden zu kontaktieren und ihn zu fragen, wie es ihm mit dem letzten gekauften Produkt ergangen ist, ob er zufrieden oder sogar begeistert ist, ob er das Produkt und die Firma jemand anderem weiterempfehlen würde. Keine dreißig Fragen, sondern vielleicht zwei. Das Feedback dieser One-to-one-Kommunikation ist unglaublich wertvoll. Aus solchen Gesprächen entsteht erfahrungsgemäß immer Geschäft, nicht aus jedem einzelnen, aber in der Summe. Und: Die Umleitung von Marketingbudget weg von Massenmaßnahmen hin zu Einzelmaßnahmen erzeugt einen immensen Wettbewerbsvorteil, denn diese Kundenkontakt-Strategien führen bis heute viel zu wenig Unternehmen konsequent durch.

Ich plädiere nicht dafür, Massen von Telefonisten oder Verkäufern einzustellen, die mit dem umgeleiteten TV-Spot-Millionenbudget nun Kunden mit Kaltanrufen und unerwünschten Besuchen belästigen. Mehr Mitarbeiter können und sollen es allerdings ruhig werden, um das One-to-one-Marketing zu verstärken und damit das Gesamtmarketing erfolgreicher zu gestalten. Eine gute One-to-one-Marketingstrategie schafft Gelegenheiten, zu denen diese Mitarbeiter ihre Kunden auch treffen können, ohne sich den Kunden aufzudrängen. »Einladen« heißt das Zauberwort.

Wie könnte das konkret aussehen?

- Einrichten von regelmäßigen Besuchs- oder Telefonterminen (Wiedervorlagen)
- Einladen zu kostenlosen Leistungen wie Optimierungschecks, Produktproben, Tag der offenen Tür …
- Einladen zu Veranstaltungen, konzipiert für persönliche Kontakte
- Umwandeln von eingehenden Anrufen glücklicher Kunden zu verkaufsorientierten Angebotstelefonaten

Wer sich den persönlichen Kontakt im Marketing als großes Ziel vornimmt, wird noch viele weitere Wege finden, dem Kunden nicht nur etwas zu verkaufen, sondern ihn auch persönlich kennenzulernen.

Wesentlicher Vorteil eines Marketings, das sich auf den Aufbau und die Pflege von persönlichen Kontakten konzentriert, ist, dass dadurch auch alle One-to-many-Marketing-Maßnahmen auf viel fruchtbareren Boden fallen. Wer sich von einer Firma persönlich verwöhnt fühlt, wer eine VIP-Behandlung bekommt, reagiert auf eine Anzeige, auf ein Mailing, also auf »unpersönliche« Massen-Kontaktanbahnungen viel offener und bereitwilliger. Das bedeutet, dass der Fokus auf Personenmarketing Massenmarketing-Maßnahmen viel effektiver macht. In dieser Reihenfolge.

Multiplikatorenmarketing vor Massenmarketing

Wenn ich als externer Berater an Marketingsitzungen großer Unternehmen teilnehme, stoße ich dort oft auf folgende Denke: Wir haben ein Budget von X Millionen, wie investieren wir das Geld am besten? Was sich für die Mitarbeiter eines Konzerns ganz normal anhört, ist für jeden Klein- oder Kleinstunternehmer sehr abstrakt. Denn wenn Sie nicht mehrere Zehntausend oder gar Hunderttausende zu investieren haben, denken Sie automatisch anders, nämlich nach der Devise: Wie kann ich mein Marketingziel ohne großes Geldinvestment erreichen? Ich empfehle dann auch gern mal in solchen Sitzungen, in denen man sich schwer auf die Maßnahmenprioritäten einigen kann, anzunehmen, dass es nur 25 Prozent des vorhandenen Budgets gäbe und wir die Ziele trotzdem erreichen müssten. Das führt bisweilen zu Ratlosigkeit. Man hat sich in großen Organisationen so an die Budgetverteilung gewöhnt, dass man andere Wege gar nicht mehr ausreichend berücksichtigt.

Firmengründer, die ihr Business mit einem minimalen Budget starten müssen, fragen sich hingegen jeden Tag:

- Wer kann mir helfen, meine Ziele zu erreichen?
- Was kann ich potenziellen Unterstützern anbieten, wenn Geld nicht infrage kommt?

Damit sind wir bei der Kernfrage des Netzwerk- und Kooperationsmarketings, das wir im nächsten Kapitel noch genauer betrachten werden. Festhalten können wir aber schon mal, dass diese Form des Marketings der einfachste, schnellste und günstigste Weg ist, um neue Kunden und Aufträge zu akquirieren und Bestandskunden zu erneuten Käufen sowie zu Empfehlungen anzuregen.

Hinter dieser Frage steckt der Huckepack-Gedanke: Wer lässt mich gern auf seinen Rücken und nimmt mich huckepack mit zu seinen Kunden? Oder in anderen Worten: Wer empfiehlt mich? Da gibt es für jeden Anbieter Hunderte von Menschen, was viele gar nicht glauben wollen. Doch wenn dann das zehnte Flipchart mit möglichen Huckepack-Partnern vollgeschrieben ist, ist jeder überzeugt, dass man sogar dann, wenn sich gerade erst ein Geschäft aufbaut, viele Möglichkeiten hat, Unterstützer im Marketing zu finden.

Die interessanteste Gruppe unter den möglichen Unterstützern sind die sogenannten Multiplikatoren, also die Personen, die in einem bestimmten Markt so gut vernetzt sind, dass sie fast alle anderen Schlüsselmultiplikatoren der Branche kennen und auch regelmäßig mit ihnen zusammenarbeiten. Früher waren das am Ort der Bürgermeister, der Pfarrer, der Lehrer und einige Handwerker oder Landwirte. Wer diese Leute kannte, war wer oder konnte etwas werden, wurde sozusagen zugelassen. Das ist heute im übertragenen Sinn auch noch so.

Wenn sich bei mir als Multiplikator im Event- und Speakermarkt ein neuer Speaker vorstellt oder ich einen entdecke, erkundige ich mich zunächst bei anderen Multiplikatoren, ob jemand den Speaker schon live erlebt oder etwas von ihm gehört hat. Darüber hinaus recherchiere ich noch im Internet und eventuell bei Kunden, die der Speaker als Referenz angegeben hat – sofern ich sie meinerseits kenne. Kommt von meinen Kollegen dann ein Echo wie »Ja, schon von ihm gehört, scheint gut zu sein, sehr aktiv, gut aufgestellt«, dann habe ich eine ganz andere Motivation, mich mit demjenigen zu beschäftigen, als wenn niemand diesen Namen gehört hat.

Was können Sie nun konkret tun? Im Grunde stellen sich drei Fragen:

1. Wie finde ich heraus, wer für mich die richtigen Multiplikatoren im Markt sind? Da kann ich nur sagen: suchen, recherchieren, fragen. Beginnen Sie doch mal bei den wichtigsten Verbänden Ihrer Branche, die finden Sie im Internet. Die Präsidenten dieser Verbände sind meist gut vernetzt und kennen den Markt. Lesen Sie die Branchenmagazine oder rufen Sie bei entsprechenden Journalisten dieser Medien an. Dort sind die Multiplikatoren auch bekannt. Von jedem erfahren Sie ein paar Namen; diejenigen, die immer wieder genannt werden, sind vermutlich wirklich wichtig. Rufen Sie dort an – diese Leute geben gern Auskunft, denn sie sind in der Regel den gleichen Weg gegangen wie Sie jetzt. Nur Mut – Sie können nicht verlieren. Bereiten Sie sich auf diese Gespräche aber gut vor, damit sie auch ein echter Erfolg werden. Ich jedenfalls würde einem jungen Kollegen nur dann die Namen meiner Multiplikator-Kollegen geben, wenn ich den Eindruck habe, dass er gut aufgestellt, also empfehlenswert ist.

2. Wie lerne ich diese Multiplikatoren kennen? Anrufen ist ein Weg. Und sich bei Branchenveranstaltungen blicken lassen und versuchen, diese Leute persönlich kennenzulernen. Besuchen Sie Verbandstagungen, Messen und Kongresse. Vielleicht können Sie dort sogar mit einem Fachvortrag begeistern? Wer ein außergewöhnliches, aufsehenerregendes, erfolgreiches Projekt im Markt initiieren kann, macht durch diesen Sog die Leute auf sich aufmerksam. Ähnlich verhält es sich, wenn man es schafft, eine Produktinnovation am Markt zu platzieren, die Aufmerksamkeit erregt. Hilfreich ist aber auch eine gute Pressearbeit, sodass die Leute Ihrer Branchen einfach immer wieder über Ihren Namen stolpern. Machen Sie sich sichtbar, trommeln Sie allgemein und zielgerichtet – dann ist es nur eine Frage der Zeit, bis die Multiplikatoren auf Sie aufmerksam werden. Wir empfehlen gute Leute übrigens unter uns Multiplikatoren auch gern weiter: »Hast du schon den gesehen?«, »Soll ich dir einen Geheimtipp verraten?« Aber das gilt nur für die Guten!

3. Was biete ich diesen Marktkennern an? Multiplikatorenmarketing ist der Königsweg des Netzwerkmarketings. Multiplikatoren sind die am meisten belagerten Promis einer Branche, die jeden Tag Anfragen bekommen: Ich bin toll, kannst du mir helfen? Und ich sage Ihnen: Wenn Sie toll sind, wird man Ihnen gerne helfen. Multiplikatoren empfehlen gern, denn sie sind durch Empfehlungen groß geworden. Sie wissen aber auch, dass jede Empfehlung, hinter der kein echter Volltreffer oder gar eine Niete steht, den eigenen Expertenstatus als Multiplikator infrage stellen kann. Multiplikatoren sind deshalb sehr vorsichtig. Machen Sie also erst Ihre Hausaufgaben in Sachen Unternehmensaufstellung und Produktentwicklung, seien Sie attraktiv und ein Stück verrückt, dann klappt es auch. Wenn es nicht klappt, sind Sie für diesen bestimmten Multiplikator möglicherweise zu wenig attraktiv; vielleicht passt es einfach nicht. Bei einem anderen Multiplikator haben Sie vielleicht bessere Karten. Dennoch sollten Sie bei jedem Nein überprüfen, wo die Ursache liegt: Passte die Zielperson nicht zu

Ihnen, oder war das, was Sie anzubieten hatten, zu wenig für den Markt? Seien Sie immer selbstbewusst und selbstkritisch zugleich. Diese Mischung führt zu ständiger Innovation.

Im Abschnitt zum Netzwerkmarketing werden Sie noch zahlreiche Anregungen zum Thema Multiplikatoren erhalten. Festzuhalten ist:

Multiplikatorenmarketing ist der Königsweg des Marketings, nicht der einfachste und schnellste, aber einer der beständigsten, günstigsten und langfristig erfolgreichsten Wege.

Offlinemarketing als Basis für Onlinemarketing

Das Internet prägt nun schon seit einigen Jahren unseren Alltag und wird es auch weiterhin tun. Gerade Social Media wird in der Zukunft eine große Rolle spielen. Vor diesem Hintergrund sucht offenbar manch einer, der außerhalb des Internets keinen Erfolg hatte, jetzt im Internet die Rettung. Was wird da alles eingetippt: Überall, wo nur ein Profil (kostenlos) einzustellen ist, werden Kontaktdaten und Bildchen hochgeladen nach dem Motto: Hauptsache sichtbar. Produktinformationen und Content werden verteilt, bis sich die Webseiten biegen. Newsletter um Newsletter, Blog um Blog.

Vermutlich ahnen viele Anbieter, dass sie im Offlinemarketing Hunderte von Kontakten brauchen würden, um einen zu finden, der kauft, und dass eine solche Zahl von Kontakten im Internet viel einfacher und günstiger zu haben ist. Das stimmt sogar, wobei Sie online allerdings eher noch mehr Kontakte für einen Abschluss brauchen. Doch das spielt keine große Rolle, denn die Anbieter können ja bequem am Schreibtisch bleiben, ohne direkten Personenkontakt kommunizieren und hoffen, dass ein Onlineinteressent dann irgendwann anbeißt.

Die Erfahrung zeigt, dass diejenigen, die offline ihre Hausaufgaben gemacht haben, die hervorragend aufgestellt sind, die bei zehn guten Zielgruppenkontakten mindestens einen Auftrag leicht realisieren, online noch schneller wachsen können.

Erfolgreiches Onlinemarketing ist daher ein Beschleuniger des Offlinemarketings und umgekehrt. Aber wer sich offline schwertut, Kunden, Aufträge und Umsatz zu akquirieren, wird online vielleicht ein bisschen mehr erreichen, aber zum echten Erfolg, zum »Ausverkauft!«, wird's in der Regel auch nicht reichen. Ausnahmen, insbesondere bei online-affinen Produktangeboten, bestätigen diese Regel.

Wenn Sie also Ihre Hausaufgaben im Rahmen Ihrer 4e-Marketingstrategie machen und offline gut am Markt angenommen werden, dann sollten Sie darüber nachdenken, wie Sie das erfolgreiche Offlinemarketing mit der Onlinewelt koppeln können. So wird ein Schuh daraus.

Auch wenn mich immer wieder Onlinefreaks kritisieren, bleibe ich bei meiner Behauptung, dass es ein erfolgreiches Marketing, das auf Dauer ausschließlich auf Onlineaktivitäten beruht, nicht gibt und auch nicht geben wird.

Selbst wenn das Produkt absolut online-affin ist (wie Webinare, Software, Hotel- oder Flugbuchungsportale), verschenkt jede Plattform Potenzial, wenn diese nur online vermarktet wird. Das macht – gerade bei Boom-Angeboten – vielleicht streckenweise Sinn, nicht aber auf Dauer.

Drei Gründe sind dafür maßgeblich:

1. Sie erreichen nicht alle Kunden online: Auch wenn es beispielsweise für Onlineseminar-Angebote eine Onlineneigung braucht, sind bei Weitem nicht alle daran interessierten Personen über das Internet beziehungsweise die Social-Media-Plattformen ansprechbar. Gerade Entscheider haben dafür weniger Zeit, größtenteils »lassen sie surfen«.
2. Online ist die Reizüberflutung noch extremer als offline. Wir lassen schon gewöhnliche Werbebriefe oft ungelesen in die Tonne wandern, überblättern Anzeigen und nutzen TV-Spot-Zeiten für einen Gang zum Kühlschrank – bei Onlinebotschaften ist unsere Aufmerksamkeit für Werbung infolge der größeren Fülle noch flüchtiger. Jeder, der vergeblich versucht, bei seinem Facebook- oder Twitter-Stream auf dem Laufenden zu bleiben, der die zahlreichen Pop-up-Anzeigen auf Internetseiten genervt wegklickt, weiß, wovon ich spreche.

3. Wir lieben die Abwechslung: Wer Marketingbotschaften nur über ein paar wenige, gleichartige Kanäle empfängt (beispielsweise über Banner, Tweets, Adwords), reagiert tendenziell später als derjenige, der über einen gelungenen Mix von einem Angebot erfährt. »Real« geht dabei vor »virtuell«. Aus diesem Grund wird bei vielen Marketingkampagnen in Papier-Mailings auf eine Onlineseite verwiesen. Doch auch die andere Richtung ist möglich: etwa dass man online zu realen Eventmarketing-Maßnahmen einlädt.

6. Einfach loslegen: Ihre 4e-Marketingstrategie

So weit, so gut. Doch was sollen Sie jetzt konkret tun, um mit einfachem Marketing erfolgreich zu sein? Wo ist die Schritt-für-Schritt-Anleitung? Ein Standardkonzept für alle gibt es nicht, sondern nur ein auf Sie abgestimmtes. Orientierungshilfe bieten dabei die **4e**: einfach, einzigartig, emotional, effizient.

Doch wer entscheidet, welche Register Sie im 4e-Marketing ziehen? Welche Elemente Ihre 4e-Marketingstrategie umfasst? Sie!!!

Im ersten Teil dieses Buches haben Sie ja die einfache Denke im Marketing kennengelernt. Die Grundregel für erfolgreiches Marketing ist Ihnen bereits vertraut:

Je besser oder attraktiver Ihr Produktangebot, desto einfacher ist Marketing.

Zugespitzt formuliert: Marketing wird überflüssig, wenn das Produkt so gut und attraktiv ist, dass es sich von selbst empfiehlt und verkauft. Ich kenne allerdings kein Produkt und keine Dienstleistung, die auf Marketingkommunikation hätten komplett verzichten können. Ich kenne aber einige Angebote, die nur ein wenig Anschubmarketing benötigt haben und dann liefen, liefen, liefen. Das ist allerdings nicht die Regel. Wir gehen deshalb davon aus, dass Sie sowohl in der Einführungsphase als auch in der Reife- und Sättigungsphase Marketingmaßnahmen durchführen müssen, um über den gesamten Produktlebenszyklus konstant hohe Absatzzahlen zu realisieren. Die Zusammenstellung (der Mix) und die Dosierung Ihrer Maßnahmen machen Ihren Bierdeckel-Businessplan aus.

Ihr Bierdeckel-Businessplan: Die ZIELPULS-Formel

Wozu brauchen Sie einen Businessplan? Konsequentes Businessplanen erhöht automatisch die Kreativität, ordnet die Gedanken, überprüft Vorhandenes, führt zu konkreten Maßnahmenplänen und fördert die Umsetzung.

Stellen Sie sich den Businessplan als Bierdeckel-Businessplan vor. Diese Metapher soll Sie, ähnlich wie die einmal von Friedrich Merz geforderte Bierdeckel-Steuererklärung, dazu einladen, Ihre Gedanken kompakt und verständlich niederzuschreiben. So einfach wie möglich, so viel wie nötig, ohne jede denkbare Ausnahme und Eventualität im Detail zu berücksichtigen. Diese Metapher ist allerdings nicht so zu verstehen, dass Sie nur so viel zu den einzelnen Punkten Ihres Businessplans aufschreiben sollen, wie tatsächlich auf einen Bierdeckel passt. So sehen ja leider wirklich einige Businesspläne aus. Wenn überhaupt was aufgeschrieben wird …

Natürlich ist der Businessplan eines Großkonzerns nicht auf einem Bierdeckel unterzubringen. Aber: In manchen Großkonzernen ist beim Business-Planning doch vieles zu komplex, zu umfangreich, zu theoretisch, zu weit weg von der (möglichen) Praxis. Das fördert nicht unbedingt die Identifikation mit dem Geplanten und schon gar nicht die motivierte Umsetzung. Entschlacken, ausdünnen, vereinfachen – das würde den Planungssystemen vieler Unternehmen guttun. Wer einwendet, dass dadurch Substanz verloren geht, dem wünsche ich den Mut, einmal vorurteilsfrei zu entschlacken, um zu erleben, ob dies für die Praxis nicht mehr bringt als die feinsten Planspielchen.

Dazu ein Tipp: Wenn Sie mit Ihrem Führungsteam Ihr Business planen und es nach der 4e-Philosophie tun, dann entsteht in Ihrem Kopf ein sehr detaillierter Film davon, was am Ende dabei herauskommen soll. Diesen Film sollten Sie auch Ihren Mitarbeitern, Lieferanten, Partnern und einigen Ihrer engsten Kunden »vorführen«, damit diese die gleiche Reise dorthin antreten. Wer den Film im Kopf hat, braucht nicht alle Details, er wird sie sich holen oder selbst Wege zum Ziel entwickeln. Generell gilt in jedem Team und Unternehmen: Wer sich mit etwas identifizieren

soll, sollte an dessen Entstehung beteiligt werden. Nicht unbedingt im Hauptwerk der Planung, aber in der Ideensammlung und Vorbereitung dazu. Wenn Ihre Mitarbeiter einige ihrer Ideen in diesem Film wiederfinden, werden sie sich mehr damit identifizieren, den Plan zu ihrem Plan machen und mehr Gas geben, als Sie erwarten.

Für den Bierdeckel-Businessplan, für Ihre »Unternehmensplanung«, biete ich Ihnen eine Struktur an, die sich nach meiner Erfahrung als sehr praktisch und pragmatisch erwiesen hat. Es handelt sich um die ZIELPULS-Formel.

Niemand kann alles, und Experten in bestimmten Themenbereichen sind in anderen weniger diszipliniert und gut. Erfolgreiche Unternehmer, die jeden Tag Kundenkomplimente und Applaus ernten und Monat für Monat Umsätze einfahren, die andere im Jahr nicht erreichen, tendieren im Ausgabeverhalten und Controlling des eigenen Business bisweilen zu mangelnder Disziplin. Hinzu kommt das überdurchschnittlich gefestigte Ego, das dazu tendiert, sich alles zuzutrauen. Dann werden hohe Ausgaben auch schon mal nonchalant betrachtet:

»Ach, das leiste ich mir jetzt, ich muss ja nur noch mehr Aufträge annehmen – geht schon!« So ist es nicht selten der Fall, dass Experten und Unternehmer bei überschaubaren Fixkosten siebenstellige Jahresumsätze erzielen und trotzdem wenig Gewinne oder sogar Verluste verzeichnen. Wenn jeder Auftrag Ihnen mehrere Zehntausend Euro einbringt, erscheint Ihnen ein Auto für 200 000 Euro irgendwann gar nicht mehr so teuer.

Für das Coaching solcher Unternehmer habe ich mir ein Planungs- und Checklistensystem zurechtgelegt, um die Businessplanung in Verbindung mit der Person des Unternehmers so zu konzipieren, dass am Ende der Erfolg steht: die ZIELPULS-Formel. Den Begriff »Zielpuls« kennen wir aus dem Training für Ausdauersportler. Es geht darum, das Training (»Business«) ausgeglichen (also im richtigen Pulsbereich) zu gestalten und Grenzen zu beachten, um eine stetige und konstante Entwicklung nach oben zu gewährleisten.

Wofür steht nun das Akronym »ZIELPULS«?

Z iel- und Strategieplanung
I nvestitionsplanung
E ngagiertes (Office-)Team
L eistungs- und Produktsystem
P ositionierung
U nternehmergeist
L ebensplanung und
S icherheit

Diese Punkte stellen die Gliederung des Bierdeckel-Businessplans dar; sie sollten in jedem Businessplan berücksichtigt werden. Letztendlich sind Businessplan-Inhalte Checkpunkte, die Sie in regelmäßigen Abständen – mindestens alle drei Monate – durchdenken und überprüfen sollten.

Die ZIELPULS-Formel soll Ihnen bei der Erstellung Ihres Businessplans weiterhelfen; sie ist keine starre Vorgabe. Bei Bedarf können Sie sie verändern und erweitern, insbesondere um Daten und Fakten zu Branchen- bzw. Wettbewerbsanalysen, Organisations- und Prozessbeschreibungen, wichtigen Steuerungsgrößen für Ihr Unternehmens-Cockpit etc. Und nun in medias res:

1. Ziel- und Strategieplanung

Tom Watson, langjähriger Leiter von IBM und Erfinder des IBM-Mottos »Think«, sagte in einem Interview einmal sinngemäß: »Ich hatte eine genaue Vorstellung davon, was am Ende rauskommen sollte.« Es geht also um die Frage, wie die Firma aussehen soll, wie sie handelt, was für sie typisch ist ...

Wenn ich Unternehmer frage, ob sie eine konkrete Ziel- und Strategieplanung haben, antworten mehr als achtzig Prozent mit Ja. Im Rahmen von Coachings stellt sich dann allerdings häufig heraus, dass zwar ein Zukunftsbild, eine Art Vision, in der Tat vorliegt, die damit verbundenen Ziele jedoch sehr schwammig sind. Auch die Strategieplanung erweist sich oftmals als löchrig. Und weil die Ziele wie auch die Strategie nicht wirklich ausgearbeitet sind, werden sie nicht konsequent verfolgt. Letztlich ist dies einer der Gründe, weshalb der Unternehmer selbst und in Konsequenz daraus auch dazugehörige Teams viel arbeiten, ohne gute Ergebnisse einzufahren.

Strategie- und Zielplanung ist Chefsache.

Das einzig wirkliche funktionierende Werkzeug, um den Unternehmer hier zu Detailaussagen zu bringen, ist eine individuell aufgebaute, lange Fragenkette:

- Was wollen Sie erreichen? Was ist die emotionale Story? Wie sieht der Film zu Ihrem Unternehmen aus?
- Was heißt das konkret?
- Wie soll das Erscheinungsbild nach innen und außen sein? Was macht die Unternehmenskultur, die Unternehmensidentität aus?
- Wie wollen Sie wahrgenommen werden? Und wie werden Sie aktuell wahrgenommen?

- Wie soll sich das Unternehmen nach außen verhalten? Mehr oder weniger konform? Etwas verrückt?
- Wollen Sie das wirklich?

Dies ist ein dynamischer Prozess, der jedoch Kontinuität erfordert. Am Anfang steht die Recherche. Benötigt werden Informationen von innen wie von außen. Für den internen Bereich bietet sich eine SWOT-Analyse an, die die Stärken (**S**trengths), Schwächen (**W**eaknesses), Möglichkeiten (**O**pportunities) und Risiken (**T**hreats) des Unternehmens offenlegt. Beim Blick nach außen geht es darum, Marktforschung zu betreiben, beispielsweise durch eine SWOT-Analyse der Wettbewerber, Fakten über die Branche zu recherchieren, Bedürfnisse des Zielmarktes zu ermitteln etc.

2. Investitionsplanung

Die Investitionsplanung erfolgt in zwei Schritten: Den ersten können Sie jetzt, nach der Zieldefinition, angehen. Erstellen Sie eine grobe Struktur eines Investitionsplans, der vor allem die Umsatzbereiche Ihres Unternehmens enthält. Aber Sie kennen zu diesem Zeitpunkt noch nicht jede Maßnahme, um ebendiese Umsätze zu realisieren. Daher ist der Investitionsplan in einem zweiten Schritt, wenn Sie alle sieben ZIELPULS-Punkte abgearbeitet haben, zu komplettieren. Auf diese Weise erhalten Sie einen einfachen Businessplan mit Investitions- und Ressourcendefinition (vgl. S. 124). An dieser Stelle noch eine generelle Anmerkung zum Thema Investieren: Das Perpetuum mobile wurde bislang nicht erfunden. Verabschieden Sie sich von der Idee, viel Umsatz und Gewinn ohne Investment zu machen. Wie bereits erwähnt, erfordert schon die Eröffnung eines simplen Copyshops Investitionen. Sie brauchen mindestens eine Maschine und einen Raum. Sie müssen investieren, bevor auch nur ein Euro Umsatz fließt. Mitunter richten sich Exmanager ein »Homeoffice« ein, um fortan als Trainer Geld zu verdienen. Sie hoffen, dass die Investition in sich selbst und ihr umfassendes Wissen reicht. Oft weit gefehlt. Nur eine grundsolide Ziel- und Strategieplanung ermöglicht die Erstellung eines Businessplans, der auf konkreten Maßnahmen beruht. Er umfasst notwendige Investitionen, die über Budgets und Kennzahlen (insbesondere Soll-Ist-Vergleiche) gesteuert werden. Sogar für Einzelkämpfer ist dies in der einfachsten Form Grundvoraussetzung. Je größer die Organisation, desto umfangreicher ist auch der Investitionsplan, der dann allerdings auf bestimmte Organisationseinheiten (Abteilungen, Projekte ...) heruntergebrochen wird. Auf diesen überschaubaren Ebenen ist eine einfache Bierdeckel-Planung gut durchzuführen. Eine Empfehlung dazu: Nutzen Sie das Benchmarking. Lassen sich die Planungen der Branchenbesten recherchieren? Vielleicht mithilfe von Brancheninsidern? Sofern Sie Zugang zu den Plänen haben, sollten Sie sie in aller Ruhe analysieren und daraus Ihre Konsequenzen ziehen. Benchmarking heißt bekanntermaßen, das Positive zu übernehmen und den Rest, von dem es auch bei den Besten genug zu entdecken gibt, zu ignorieren.

3. Engagiertes (Office-)Team

Niemand gewinnt allein. Zu den erfolgreichsten Unternehmern gehören die, die sich selbst und ihre Stärken und Schwächen richtig einschätzen können und denen es gelingt, andere durch ihre Ideen zu faszinieren. Das talentorientierte und auf den Unternehmenszielen basierende Teambuilding innerhalb und außerhalb des eigenen Büros ist daher eine der wesentlichen Säulen für Kundenbegeisterung (CRM) und Unternehmensentwicklung. Aktive Unternehmer, die auch Marketingverantwortung übernehmen, sind viel außerhalb des eigenen Büros tätig. Eine verwaltende Assistenz, die alle wichtigen Unterlagen schön in Vorlagemappen einsortiert, reicht dann nicht aus. Was Sie in diesem Fall brauchen, ist eine Vertrauensperson mit echten Entscheidungsbefugnissen, die Ihre Vertretung übernehmen kann. Und bitte denken Sie bei der Auswahl Ihrer Teammitglieder daran, dass für das Marketing menschliche Qualitäten meist wichtiger sind als fachliche Fähigkeiten oder Erfahrung.

4. Leistungs- und Produktsystem

Die größte Herausforderung für Unternehmer liegt darin, das, was sie tun, kompakt und kundengerecht zu beschreiben. Anfassbare Produkte haben es hier leichter, da der Kunde sie zusätzlich zur Beschreibung »erleben« kann. Dienstleistungen werden hingegen erst erlebbar, wenn sie geleistet werden – und das ist oft weit nach dem Marketing- und Verkaufsprozess. Dienstleistungen sind wie Plastilinmasse, die so geformt werden kann, wie sie gerade benötigt wird. Das hat den Vorteil, dass die Leistung jeweils für den speziellen Kunden individualisiert werden kann; man spricht hier auch von Customizing. Der Nachteil besteht darin, dass eine einheitliche Wahrnehmung am

Markt erschwert wird. Nachfrager sind beim Einkauf von Dienstleistungen viel unsicherer als beim Einkauf von Waren. Die Flexibilität der Dienstleistung birgt also sowohl Chancen als auch Risiken. Sie sollten sich jedenfalls nicht dazu verleiten lassen, jeden Wunsch des Kunden zu erfüllen. Arbeiten Sie besser an einem eindeutig erkennbaren Expertenprofil. Mehr spitz als breit, heißt daher auch hier die Devise, da Kunden Sie gern in eine klare Expertisen-Schublade packen (Stichwort »Kernkompetenz«).

Einer der wichtigsten Begriffe im Bereich der Leistungs- und Produktdefinition ist das *Produktsystem*. Aus dem Wort »Produktsystem« leitet sich zunächst ab, dass es sich um mehrere Produkte handeln muss, die miteinander ein System bilden. Dabei ist es unerheblich, ob das System aus anfassbaren Produkten, aus Dienstleistungen oder beidem besteht.

Die Produkte und Leistungen eines guten Produktsystems sind hochwertig, außergewöhnlich, anders, emotional ansprechend, lösungsorientiert und nutzbringend, einfach zu verstehen, aber nicht oberflächlich. Und sie erzeugen da und dort einen »magic moment« für den Kunden, egal ob beim Kennenlernen, beim Gebrauch oder danach zum Beispiel als Prestigeprodukt. Selbstverständlich sind sie auf den idealen Kunden zugeschnitten, auf das, was er braucht.

Typisch für ein Produktsystem ist, dass die einzelnen Elemente in einem spezifischen Zusammenhang stehen. Jedes einzelne Produkt zeigt dem Kunden, welches andere Produkt aus dem Produktsystem er besser schon im Vorfeld gekauft hätte und welches er sinnvollerweise als Nächstes kauft. Nicht um den Umsatz zu maximieren, sondern um den gesamten Nutzen aus der Kompetenz des Anbieters zu erhalten. Im Fall der Bionade mit vier lieferbaren Geschmacksrichtungen ist das Produktsystem sehr einfach. Bei Dienstleistungen ist diese Verkettung oft vielschichtiger und hat noch eine weitere wichtige vertrauensbildende Aufgabe, nämlich die Kommunikation der eigenen *Vorgehenskompetenz* gegenüber dem Interessenten oder Kunden. Wenn ich mich an einen Verkaufstrainer wende, will ich auf einen Blick sehen, wie dieser üblicherweise vorgeht, um meine durchschnittlich erfolgreichen Verkäufer zu Topsellern zu machen. Dass die übliche (empfohlene) Vorgehensweise dann bei jedem Kunden individuell angepasst wird (Customizing), sollte natürlich erwähnt werden. Es geht mir als Interessent also gar nicht so sehr darum, ob ich nun die weltweit besten Verkaufstechniken erhalte oder wirklich den mit Abstand besten Verkäufer in Person des Verkaufstrainers engagiere. Nein – ich möchte den besten Trainer für Verkauf, dessen erste Kompetenz es ist, zu wissen, wie ich Verkaufen so vermittle, dass mehr Umsatz und damit Return on Investment entstehen. Das ist Vorgehenskompetenz, also eine Vorgehensempfehlung oder »line of action«, die ich von so einem Experten kaufe. Die augenfällige, einfache Darstellung der Vorgehenskompetenz ist vor allem bei den Anbietern wichtig, die versprechen, für den Kunden das Problem zu lösen, wie er von A (Ist) zu B (Soll) kommt. Vorgehenskompetenzen werden grafisch üblicherweise in Pyramiden (wobei das Wichtigste unten ist), in Kreismodellen (Zyklus), in einer Art Organigramm oder ähnlichen Modellen dargestellt.

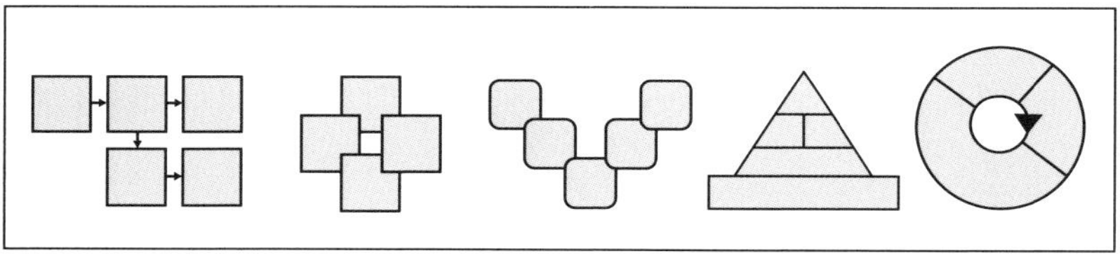

Die Vorgehenskompetenz ist vielleicht die wichtigste Kompetenz eines Anbieters, die ein Interessent oder Kunde früh im Marketingprozess erkennen sollte, um Vertrauen zum Anbieter aufzubauen und früh die Unterschrift unter den Auftrag zu setzen.

Ein intelligentes Produktsystem bietet dem Kunden ein aufsteigendes Produktangebot. Ein Beispiel: Als kostenloses Kennenlern-Angebot gibt es einen Gratis-Download: die zwölf besten Tipps für ein gesundes Leben. Das macht Appetit auf den Abendvortrag mit dem Experten, der dort das Zwei-Tage-Intensivseminar anbietet. In diesem Rahmen wird sodann das einwöchige Marathon-Laufseminar auf Mallorca empfohlen – als Vorbereitung auf den New-York-Marathon. Diese Reise kann als Rundum-sorglos-Paket für 6000 Euro gebucht werden.

So sieht ein vertikales Produktsystem aus. Kauft ein Kunde das erste Produkt Ihrer Produktleiter, wird er automatisch zum nächsten sinnvollen Angebot geführt, und zwar bis zum Topprodukt. Nutzen Sie hierfür eine gute Datenbank und exzellente Onlinemarketing-Systeme (Content- und Shop-Management-Systeme), die eine Erinnerungs- und Mailautomatik ermöglichen. Diese Systeme werden immer besser und immer günstiger.

Es gibt hier also einen horizontalen und einen vertikalen Ansatz. Die Verbindung beider Konzepte bezeichne ich als *Produktlinien-Matrix*:

- *Horizontaler Ansatz:* Der Anbieter empfiehlt dem Interessenten, wie er durch die Leistung bzw. das Produkt des Anbieters von A (Ist) zu B (Soll) kommt. Dabei schafft das Vorprodukt die Voraussetzungen, um das Kernprodukt optimal zu nutzen. Das Nachprodukt soll der sogenannten kognitiven Dissonanz entgegenwirken und die Umsetzung sichern. Kognitive Dissonanz bedeutet hier: Die Erwartungen wurden bei Weitem nicht erfüllt, Kunden sind enttäuscht. Oder noch schlimmer: Sie reden vielleicht negativ über Sie.
- *Vertikaler Ansatz:* Produktvolumen, Inhalte und Nutzen sowie der Preis steigen, je weiter der Kunde im Produktsystem vordringt. Das ist der marketing- bzw. verkaufsbezogene Ansatz, an jeden Kunden irgendwann idealerweise alle horizontalen Produktlinien zu verkaufen.

Die Produktlinien-Matrix

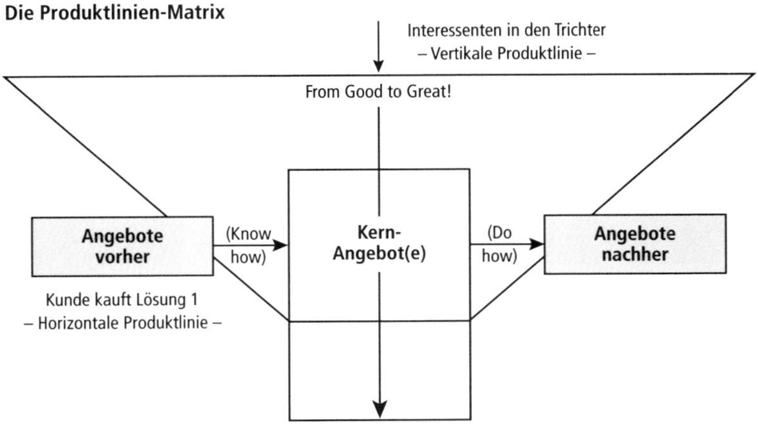

Wenn der Kunde die erste horizontale oder vertikale Produktlinie komplett gekauft hat, dann haben Sie hoffentlich eine zweite Produktlinie, die Sie ihm anbieten können ... und fragen diesen begeisterten Kunden hoffentlich immer wieder nach Empfehlungen.

Das ist einfaches Marketing in Perfektion! Sie erkennen jetzt vielleicht schon, wie viel Umsatz und Potenzial Anbieter verschenken, indem sie nur einige wenige Produkte anbieten, die vielleicht noch nicht mal in ausreichendem Zusammenhang stehen.

Beispiel

Ein Beispiel aus der Automobilindustrie: Ein Kernprodukt von Audi ist beispielsweise der Audi A6, ein gehobenes Mittelklassefahrzeug. Audi unterlässt nichts, um potenzielle Käufer dieses Fahrzeugs »vertikal« dort hinzuführen. Sie sehen den Audi am Flughafen stehen und können dort von außen »Einblicke« genießen, ihn anfassen. Online können Sie Ihren Audi virtuell konfigurieren, das Ergebnis ausdrucken und Ihren Freunden senden. In einer weiteren vertikalen Stufe können Sie den Audi als kleines Spielzeugauto für sich kaufen oder den schon gar nicht so günstigen Tret-Audi für Ihre Kinder. Wer dann zu seinem Audi Ja gesagt hat, wechselt in die jeweils horizontale Ebene: Sie gehen ins Autohaus und setzen sich rein, fahren Probe, entwickeln Ihre individuelle Konfiguration – und dann sind Sie bei der Bestellung, die mit einem Gläschen Schampus besiegelt wird. Während der Wartezeit bekommen Sie regelmäßige Produktions-Updates, aktuelle Presseartikel, die Sie beispielsweise darüber informieren, dass Ihr Audi zum besten PKW seiner Klasse gewählt worden ist. Wenn Ihnen die Auslieferung angekündigt wird, bekommen Sie nicht etwa nur einen Brief, sondern gleich eine Box mit vielen kleinen Geschenken, die die Vorfreude auf die Auslieferung im Audi-Zentrum erhöhen. Die Auslieferung ist das Highlight und unter anderem mit einer Werksbesichtigung verbunden. Zwei Tage nach der Auslieferung tritt Ihr Audi-Händler wieder mit Ihnen in Kontakt und schickt Ihnen die individuelle Visitenkarte mit dem Angebot, Tag und Nacht über Handy bereitzustehen, wenn der Audi tatsächlich einmal nicht mehr fahren sollte. Fünf Wochen später schickt er Ihnen einen Gutschein für die nächste Waschanlage, damit der Audi wieder so sauber aussieht wie bei der Auslieferung ...

Ständige *Innovation* ist erfolgsentscheidend, denn die Kette funktioniert nur richtig gut, wenn sie (fast) durchgehend hochkarätige Angebote enthält, die alle Lust auf mehr machen. Ist so seine Produktlinien-Matrix einmal richtig gut konzeptioniert, haben Sie eine Umsatzmaschine vom Feinsten, denn Sie können immer neue Kunden in den Trichter einbringen, von denen hoffentlich möglichst viele möglichst alles irgendwann kaufen.

Wenn Sie Dienstleistungen anbieten, bedenken Sie bitte, dass zur Leistungsdefinition auch und vor allem das Passiv-Produktangebot gehört, also Produkte, die unabhängig vom Dienstleister Umsätze erzeugen. Beispiele für solche Passivangebote für Dienstleister sind Bücher, Hörbücher, Videos, Internetcontent, Skript-Downloads, Teaser-CDs, Workbooks oder auch Spiele. Jeder Kundenkontakt ohne diese Zusatzangebote bedeutet bei Dienstleistern weniger Geld in der Kasse und weniger Service am Kunden.

Beispiel

Als Randy Gage, ein anderer amerikanischer Topspeaker zu Themen wie Marketing, Wohlstand und Erfolg, bei einem mehrtägigen Marketing-Bootcamp für rund hundert zum Teil sehr erfolgreiche deutsche Speaker fragte, wer denn ein Produkt (nicht sich selbst, sondern Hörbücher etc.) zu einem Preis von über 500 Euro anbietet, meldete sich niemand. Für Gage war das ein Kulturschock, denn er selbst hat Dutzende Hörbuch- und Video-Sets zu je weit über 1000 Dollar im Angebot, die ihm auch dann schöne Umsätze bescheren, wenn er am Strand liegt. Er wunderte sich auch darüber, dass die Speaker neben ihren Vorträgen kaum Paketprodukte anboten. Man denke etwa an mehrmonatige Coaching- und Consulting-Pakete mit Bronze-, Silber- und Gold-Phasen (und Preisen), die mit festen monatlichen Raten gebucht werden (Abo) und so schöne regelmäßige feste Umsätze erwirtschaften.

Beispiel

Einer der für mich größten Vermarkter solcher Passivprodukte war Bob Ross, ein amerikanischer Maler († 1995), den Sie vielleicht aus dem Fernsehen kennen, denn er flimmert nach wie vor regelmäßig über alle möglichen Bildungskanäle. Er steht immer allein mit seiner Staffelei und seiner Farbpalette vor der Kamera und malt in 26 Minuten mit scheinbar einfachsten Techniken die herrlichsten Landschaftsbilder. Es ist die von ihm entwickelte Nass-in-Nass-Technik unter Verwendung weniger Farben und Hilfsmittel. Seine Sendung heißt »The Joy of Painting«

(403 Folgen) und das ist es. Wenn ich Bob Ross beim Durchzappen im TV entdecke, bleibe ich hängen und bin fasziniert von dieser einfachen Art des Malens. Ich bekomme das Gefühl, dass sogar ich malen lernen könnte, denn neben der Einfachheit vermittelt Ross das Gefühl, dass alles erlaubt und nichts verkehrt ist. Seine Kommentare wie »We don't make mistakes here, we just have happy accidents« sind genauso legendär wie sein immer wieder gleicher Schlusssatz: »I'd like to wish you a happy painting.« In seinem Shop gibt es Malsets, Lehrbücher, Lehrvideos und viele andere Utensilien, damit Malen einfach ist und Spaß macht. Was macht dieser Mann, der auf der (Marketing-)Bühne im TV fast nichts sagt, sondern malt und zeigt? Vor allem macht er eins: Er setzt den Hebel im Kopf des Zuschauers auf »Das kann ich auch« und dann auf »Das möchte ich auch«. Er verändert eine Einstellung im Kopf des Zuschauers von »Malen ist schwierig« auf »Malen ist einfach und macht Spaß«, denn am Ende erfreue ich mich an wunderschönen Bildern aus eigener Hand. Übrigens: Wer diese Maltechnik für Landschaften offiziell unterrichten möchte, muss sich als CRI (Certified Ross Instructor) ausbilden lassen. Was für ein tolles Produktsystem.

Noch ein kleiner Exkurs zur Preisbestimmung für Ihre Produkte und Leistungen: Wie Sie wissen, bestimmen Angebot und Nachfrage den Preis. A>N: Preis sinkt. A<N: Preis steigt. Sie können sich aber von diesem Marktgesetz entkoppeln und Ihre eigene Nachfrage immer hoch halten, auch in sogenannten schlechten Zeiten. Wie? Indem Sie die Hausaufgaben aus diesem Buch in Sachen Produkt- oder Leistungsgestaltung erledigen und sich entsprechend positionieren. Die beste Auszeichnung ist es, wenn Firmen dauerhaft hohe Preise für ihre Produkte und Leistungen am Markt erzielen. Kommunizieren Sie bitte dieses Marktfeedback deutlich, neutral und bescheiden, zum Beispiel auf Bewertungsplattformen wie www.trainer-ranking.com für Trainer, www.jameda.de für Ärzte oder www.tripadvisor.de für Hotels und Restaurants. Bei Dienstleistungen definiert der durchschnittlich erzielte Preis pro Tag oder Stunde demnach auch Ihre Qualität. Ich kann in meiner Branche Referenten, die 2000 Euro am Tag berechnen, an vielen Stellen nicht anbieten, da die Einkäufer reflexartig fragen: »Nur 2000 Euro, das kann doch nichts sein!« Finden Sie heraus, was am Markt für sehr gute Qualität bezahlt wird, verbessern Sie Ihr Angebot in diese Qualitätsebene und verlangen Sie dann die dafür üblichen

Preise: konsequent, mit einem einfachen, fairen Preissystem und mit den berühmten Ausnahmen, wenn es für Sie vorteilhaft ist.

5. Positionierung

Die ohne Zweifel größte Herausforderung für einen Fachmann, ob Vertriebsmitarbeiter, Rezeptionist oder was auch immer, liegt darin, sich als unumstrittener Experte in seinem Fach im jeweiligen Markt oder im Unternehmen zu positionieren.

Was bedeutet eigentlich »sich positionieren«? Positionierung im Marketing ist nach Wikipedia »das gezielte, planmäßige Schaffen und Herausstellen von Stärken und Qualitäten, durch die sich ein Produkt oder eine Dienstleistung in der Einschätzung der Zielgruppe klar und positiv von anderen Produkten oder Dienstleistungen unterscheidet«. Genau! Und das gilt auch für Angestellte, denn auch in einem Team, in einem Unternehmen, selbst privat in einem Verein, einer Online-Community etc. positionieren wir uns tagtäglich in einer (Ziel-)Gruppe mit allem, was wir kommunizieren und tun. Es gilt auch hier, frei nach dem Kommunikationsexperten Paul Watzlawick:

Man kann sich nicht nicht positionieren!

Positionierung ist wie ein Konto, auf das Sie oder andere einzahlen oder von dem Sie oder andere abheben. Wenn Sie die richtigen Hebel im Markt bedienen und Ihr Positionierungsindex steigt, nenne ich das Positiv-Positionierung. Sie steigern damit Ihre Attraktivität. Auch alles Negative, was Sie am Markt »hinterlassen«, ist Positionierung und eine Abhebung von Ihrem Konto. In diesem Fall spreche ich von einer Negativ-Positionierung. Und das Positionierungskonto ist leider kein vom Bankgeheimnis geschütztes Konto. Jeder kann darauf zugreifen, positiv wie negativ. Im positiven Fall (jemand empfiehlt Sie, jemand schreibt positiv über Ihre Leistungen in einem Blog ...) wollen Sie es sicher nicht verhindern. Bei negativen Einzahlungen (öffentliche Reklamationen, schlechte Presse ...) können Sie es oft nicht verhindern. Daher ist es ja so wichtig, dass Sie auf der Habenseite Ihres Positionierungskontos genügend substanzielle Buchungen vorweisen können, damit gelegentliche Abbuchungen Sie nicht existenziell gefährden.

Wie können Sie also eine sehr gute Positionierung erreichen? Eine gute Positionierung entsteht aus der Summe Ihrer positiven Handlungen, nicht aus einigen einzelnen Handlungen. Niemand kann oder muss hier alle Register ziehen, vielmehr sollte man möglichst die Register ziehen, die einem liegen und am schnellsten zu den gewünschten Ergebnissen führen. Hier einige erste Möglichkeiten:

- Überlegen Sie, wo Sie mit Ihrer Expertise am Markt Erster sein können (Produktdiversifikation) oder – weil das immer schwieriger wird – wo Sie am Markt ein bestehendes Produkt oder eine Leistung variieren können. Im strengen Sinne Erster werden, so wie Samuel Morse, Thomas Alva Edison oder Konrad Zuse, ist kaum möglich. Aber eine neue Herstellungsart von Limonade zu erfinden oder Social Media neu zu definieren, ist durchaus machbar, wie Bionade und Facebook gezeigt haben.
- Überlegen Sie, wo Sie besser und anders sein können als Ihre Konkurrenz. Seien Sie außergewöhnlich. Als Vielflieger werde ich nie vergessen, wie bei der Deutschen BA ein Steward die müden und erschöpften Fluggäste am späten Abend verabschiedete: im extrem sächsischen Dialekt. Wir alle waren nach diesen drei Minuten Aus-vollem-Halse-Lachen wieder munter und fröhlich; und ich habe diese Story seither Hunderten von Menschen erzählt. Lernen Sie, in den Bahnen derer zu denken, die Sie bezahlen.
- Entscheiden Sie, wer Sie oder Ihre Produkte kaufen soll. Wer ist Ihr idealer Kunde? Wenn Sie diese Entscheidung getroffen haben, fragen Sie sich: Wer von den idealen Kunden kauft bei mir aus welchen Gründen am ehesten? Wenn Sie diese Personen definiert haben, fragen Sie sich: Wen dieser Kunden kann ich jetzt schon erreichen? Wer ist vielleicht schon in meiner Datenbank? Und wie bzw. über wen kann ich die anderen erreichen? Wenn Sie das herausgefunden haben, kommunizieren Sie Ihre Marketingbotschaften über alle verfügbaren Kanäle wohlüberlegt an diese Menschen. Wenn diese Menschen alle von Ihnen gehört und viele davon bei Ihnen gekauft haben, stellen Sie diese Fragen erneut mit der Gruppe, die am zweitbesten ist. Und so weiter. Das ist sequenzielles Marketing nach dem Motto »Spitz statt breit«.
- Die beste Positionierung haben die Anbieter, die die meisten Wünsche ihrer Kunden professionell und mit entsprechend hochkarätigem Service erfüllen. Ja, es geht hier wieder um den berühmten

Nutzen. Sie werden sich vor Aufträgen gar nicht retten können, wenn Sie für Ihre Kunden Problemlösungen entwickeln, die diese jetzt dringend benötigen. Sie kennen sicher auch den berühmtesten Feuerwehrmann der Welt, der 2004 im Alter von 89 Jahren starb? Paul (»Red«) Adair ging als »fliegender Feuerwehrmann« in die Geschichte ein, da er sich auf das Löschen von Großbränden der Ölindustrie spezialisiert hatte. 1959 gründete Red Adair seine gleichnamige Firma mit genau diesem Schwerpunkt: »Löschen von brennendem Öl« – und Adair wurde zum weltweit besten Experten auf diesem Gebiet. 1962 gelangte er international zu Ruhm, als er in der Sahara brennende Ölquellen löschte, deren Flammen zuvor 167 Tage ungebändigt gelodert hatten. Insgesamt löschte er über 2000 Großbrände. Zu seinen spektakulärsten Missionen zählte sein Einsatz während des Golfkrieges 1991, als er mit Mitte siebzig in Kuwait 117 von der irakischen Armee in Brand gesteckte Ölquellen löschte.

- Bestimmen Sie den richtigen Preis: In seinem langen Berufsleben häufte Paul Adair ein enormes Vermögen an, denn er löste »brennende« Probleme seiner Kunden. Über seine Honorare, die oft »Gehalt der Angst« genannt wurden, bewahrte der Experte für unbezähmbare Brände jedoch immer Stillschweigen. Diese Millionen-Honorare waren Wertschätzung des Marktes für eine Kompetenz, die kaum ein anderer im Markt hatte – zumindest wusste kaum ein anderer diesen Nutzen so gut in Szene zu setzen wie Paul Adair. Für was sind Sie bekannt? Welchen Nutzen bieten Sie Ihren Kunden? Und gibt es für dieses Lösungspaket eine entsprechende Nachfrage? Wird es gut bezahlt? Wenn nicht, dann arbeiten Sie daran, denn leere Auftragsbücher und schlechte Bezahlung verweisen meist darauf, dass der Anbieter seine Produkt- und Positionierungshausaufgaben noch nicht ausreichend erledigt hat. Sind Sie bereit, daran zu arbeiten, um eine entsprechende Wertschätzung des Marktes zu erreichen? Erst dann bestimmen Sie dafür bitte den Preis.
- Viele Anbieter konzentrieren sich mit ihrer Expertenpositionierung auf ein Verfahren, nicht auf das Grundbedürfnis ihrer Kunden. Wenn Sie also Experte für Kaffeevollautomaten sind und der Markt mit Kaffeepads eine neue Art der Kaffeeherstellung nachfragt, werden Ihre Auftragsbücher bald vielleicht viel Weißraum zeigen. Der Kaffeevollautomaten-Experte ist Spezialist für edelsten Kaffeegenuss und so sollte er sich von den Fast-Food-Kaffeepads abgrenzen.

Mit einer solchen Positionierung lassen sich derartige Marktveränderungen häufig gut überstehen.

- Positionierung lebt von der Kommunikation. Einfach darüber reden oder darüber reden lassen! In Form von Kooperationen oder Presse- und Öffentlichkeitsarbeit zum Beispiel. Die Schwaben haben einen schönen Spruch: Schaffe, net schwätze! Das ist aber gerade das größte Marketing-Manko vieler (kleinerer) Firmen, die nämlich vor lauter Schaffen das kunden- und verkaufsorientierte Schwätzen vernachlässigen. Da wird gemacht und getan, jeder ist beschäftigt, den Laden so optimal wie möglich vorzubereiten für den Fall, dass mal ein Kunde kommt. Da wird hin- und her- und dann wieder umgeräumt. Wenn ein Großteil dieser Zeit, die für sinnlose Organisations- und Prozessoptimierungen vertan wird, in die Kundenakquise investiert würde, könnte man den Laden später auf der Grundlage der Kundenreaktionen optimieren. Aber da es vielen schwerer fällt, auf einen Kunden zuzugehen, als sich mit sich selbst zu beschäftigen, kommt Marketingkommunikation oftmals zu kurz. Sind Sie bereit, mehr rauszugehen, mehr zu telefonieren, mehr zu kommunizieren?

Was brauchen Sie, kurz zusammengefasst, für Ihre Positionierung?
1. Produkte oder Leistungen
2. Methoden
3. Kontakte
4. Menschenkenntnis und gesunden Menschenverstand

Je besser Ihre Positionierungsarbeit, desto weniger kostet Marketing. Denn mit gut positionierten Experten, Produkten oder Marken arbeitet jeder gern zusammen. Als ich vor 2009 das erste Disney-Seminar im deutschsprachigen Raum anbot, hatte ich die Unterstützung zahlreicher Medien und Adressbroker. Den Zugang zu den höchsten Ebenen dieser Verlagshäuser und Unternehmern hatte ich dabei der Marke Disney zu verdanken. Und viele dieser Kontakte bestehen heute noch; wir arbeiten im Rahmen anderer Projekte immer wieder sehr gut zusammen.

Professionelle Positionierung und Selbst-PR sind ein dauerhafter Prozess, dessen Aufwand im Verlauf degressiv abnimmt. Er vollzieht sich in einem wiederkehrenden Kreislauf, der regelmäßig überprüft werden muss und einem definierten Zyklus unterliegt. Er ist ein Lernprozess, der nie endet.

Die Positionierung nimmt eine zentrale Rolle ein und wird mit den Punkten aus dem House of Easy Marketing ausgefüllt (vgl. S. 125 ff.).

An dieser Stelle noch ein konkreter Praxistipp: Experten schreiben Bücher. Bücher sind der Katalysator für erfolgreiche Positionierung. Wer Autor ist, hat Autorität! – Wann schreiben Sie Ihr (nächstes) Buch, um sich entsprechend zu positionieren?

6. Unternehmergeist

Ein Freund von mir hatte sich nach einigen Jahren als angestellter Schreinermeister entschieden, sich selbstständig zu machen. Er nahm Kredite auf und richtete seine Schreinerei perfekt ein. Damit war sein Unternehmen aber noch nicht vorhanden. Er blieb ein exzellenter Schreiner (Experte), der leider vergaß, dass er als selbstständiger Unternehmer jetzt auch noch andere Aufgaben zu erledigen hatte. Da einige Kunden seines früheren Arbeitgebers zu ihm übergewechselt hatten, hatte er zunächst zu tun. Aber nach einigen Wochen wurden die Aufträge immer weniger. Um die Geschichte kurz zu machen: Mein Freund wollte vor allem weiter schreinern, während seine Lust aufs Unternehmertum begrenzt war. Um seine neue Existenz zu retten, versuchte er es dann mit einer Art Notfallmarketing, allerdings vergebens. Es ist eben leider nicht erfolgsversprechend, wenn »alte« Kunden, die sonst nie von einem gehört haben, aus Auftragsnot plötzlich angerufen werden. Oder wenn man potenzielle Neukunden mit einer Art Abwerbeversuch nach dem Motto »Aber wir sind doch besser und billiger« kontaktiert. Nach neun Monaten schloss er seine Schreinerei. Kein seltener Fall!

Und ein typisches Beispiel für Affektmarketing: Solange das Geschäft einigermaßen funktioniert, wird auf Marketing komplett verzichtet, und der Kleinunternehmer macht das, was er gern tun – nach dem Motto: »Es läuft doch.« Verschlechtert sich dann aber die Auftragslage, übernimmt der Unternehmer dann selbst das Marketing. Der amerikanische Topberater Michael E. Gerber spricht von einem »Fachmann, der unter einem Unternehmeranfall leidet«. Unternehmergeist ist etwas, was Sie kontinuierlich benötigen. Dabei geht es nicht darum, als Chef alles selbst zu erledigen. Die Kunst besteht vielmehr darin, interne oder externe »Helfer« zu finden, die die wichtigen Aufgaben übernehmen, für die der Unternehmer selbst wenig Talent, Zeit oder Lust (in dieser Reihenfolge) hat.

Machen Sie sich klar, dass der wichtigste Kunde Ihres Unternehmens Sie sind. Wenn Ihr Unternehmen Sie nicht glücklich macht, Ihre Träume nicht erfüllen hilft, Ihnen kein angemessenes Einkommen sichert, wenn Ihre Firma nicht die Produkte und Leistungen verkauft, die Sie mit voller Begeisterung selbst immer wieder gern kaufen würden, wenn Ihr Unternehmen nicht Ihnen dient, was ist es dann wert? Wenn Sie ein unzufriedener »Kunde« Ihres Unternehmens sind, können Sie andere nicht begeistern.

Ihre Aufgaben sind also: (strategische) Verantwortung übernehmen, Innovations-, Produkt- und Qualitätstaktgeber werden und delegieren und führen. Die Zügel bleiben in der Hand des Chefs. Er ist für den Spirit im Unternehmen verantwortlich. Er sorgt in erster Linie dafür, dass die richtigen Dinge gemacht werden, und erst in zweiter dafür, dass diese Dinge immer richtig gemacht werden. Er ist der Pilot des Unternehmens, und jeder Pilot hat Instrumente zur Verfügung, nach denen er fliegen kann, insbesondere wenn die Sicht einmal nicht klar ist. Welche Messinstrumente zeigen Ihnen an, wo Ihr Unternehmen gerade steht?

Was ist aber nun, wenn talentierte Experten nicht zum Unternehmer geboren sind oder kein Interesse an planerisch-strategischen Aufgaben haben? Ganz können Sie sich von diesem Thema nicht verabschieden, denn es ist Ihr Unternehmen. Aber Sie können in diesem Fall viel delegieren, sich beraten lassen, einen Geschäftsführer einsetzen oder bei kleinen Unternehmen den Anschluss an ein passendes Unternehmer-Netzwerk suchen, solange damit die eigenen Ziele erreicht werden.

7. Lebensplanung und Sicherheit

In allen Branchen gibt es die erfolgreichen Firmeninhaber, Manager oder Experten, die mit ihrem Unternehmen hervorragend positioniert sind und auch hohe Umsätze erzielen, jedoch nur für ihren Job leben, nur auf sich konzentriert sind und die private Lebensplanung vernachlässigen. Zu einer vernünftigen Businessplanung gehören aber stets auch die private Lebens- und die private Finanzplanung dazu. Definieren Sie bitte all Ihre beruflichen und privaten Rollen und priorisieren Sie diese. Haben alle wichtigen Lebensbereiche – Beruf, Familie und Freunde, Gesundheit und Leistungsfähigkeit, Sinn und Erfüllung sowie Freude und Entspannung – ausreichend Raum? Welche Rollen sind Ihnen wirklich wichtig und bringen Sie Ihren Lebenszielen näher? Der Money-Coach Bodo Schäfer erklärt: »Konzentrieren Sie sich auf die EPAs, die einkommensproduzierenden Aktivitäten.« Ich kann nur ergänzen: Stimmt, vergessen Sie aber bitte nicht, dass manche Rollen einige Zeit benötigen, bis sie zu EPAs werden.

Bei der privaten Finanzplanung geht es darum, Rücklagen für später zu bilden, in jedem Fall für die Alterssicherung, optimalerweise aber für etwas mehr. Richten Sie für alle Ziele ein separates Konto ein, wobei sich getrennte Privat- und Geschäftskonten von selbst verstehen. Hilfreich für die Work-Life-Balance ist es auch, wenn Sie bei Ihrer Zeitplanung für jeden Monat Tage für Privates blocken.

Die ZIELPULS-Methode liefert Ihnen die notwendige Basis, um Ihren Bierdeckel-Businessplan schriftlich auszuarbeiten. Die Gliederung Ihres Businessplans sieht folgendermaßen aus:

1. **Ziel- und Strategieplanung:** Beschreiben Sie kompakt, was Sie erreichen wollen und welcher Weg zu diesem Ziel führt (Details erst unter Punkt 5).
2. **Investitionsplanung:** Listen Sie auf, welche Ressourcen Sie für diesen Weg benötigen.
3. **Engagiertes (Office-)Team:** Welche Personen und Institutionen können Ihnen dabei helfen, diesen Ressourcenbedarf zu decken? Dazu zählen auch Lieferanten, Banken, Agenturen usw.
4. **Leistungs- und Produktsystem:** Halten Sie en détail fest, was Sie dem Kunden anbieten. Am besten gleich ein Produktsystem. Schreiben Sie immer dazu, was für einen Nutzen Sie damit verkaufen und welchen Preis Sie daher in Verbindung mit Ihrer geplanten Servicestrategie und im Abgleich mit dem Markt anbieten wollen. Beim Preis gibt es zwei grundsätzliche Strategien: die Hochpreisstrategie mit Topservice und die Niedrigpreisstrategie mit einem mittleren Service.

5. **Positionierung:** Beschreiben Sie hier Ihre geplanten Maßnahmen (vgl. S. 125 ff.). Überlegen Sie sehr genau, wie (verrückt, außergewöhnlich) Sie am Markt kommunizieren und wahrgenommen werden möchten.
6. **Unternehmergeist:** Überlegen Sie, wie Sie Ihr Unternehmen organisieren möchten, planen Sie Zeiten für Ihre unternehmerischen Aufgaben ein. Am besten, Sie blocken feste Tage dafür, die dann auch nicht für andere Aufgaben zur Disposition stehen.
7. **Lebensplanung und Sicherheit:** Wie können Sie als Chef berufliche und private Aufgaben unter einen Hut bringen? Oder unter maximal fünf bis sieben Hüte – schauen Sie sich mal das Hüte-Modell von Lothar J. Seiwert an. Je besser Ihnen das gelingt, desto besser für Ihr Business und für Ihr Leben. Ja – wir arbeiten, um zu leben. Auch als Selbstständige.

Die jährliche Bierdeckel-Businessplanung, die ebendiese sieben Punkte umfasst, erfolgt dann in drei Schritten:

1. Den Film im Kopf erstellen und überprüfen

Die ZIELPULS-Formel durchdenken und zunächst Punkt für Punkt mit einem Filmabschnitt füllen, also schriftlich festhalten, was hier entstehen soll. Aus den sieben Kurzfilmen soll dann ein Hauptfilm entstehen, und zwar ein richtig guter. Konzipieren Sie diesen Film bitte mit einem maximalen Planungshorizont von drei Jahren, vielleicht mit einer kleinen Episode am Ende, was in fünf bis sieben Jahren sein sollte oder könnte. Der operative Fokus liegt jedoch auf der kurz- und mittelfristigen Zielsetzung, denn die ist greifbar und umsetzbar.

2. Maßnahmen planen

Für jeden dieser Kurzfilme in den ZIELPULS-Punkten zwei bis sieben entwickeln Sie jetzt konkrete Maßnahmen, die Sie ebenfalls schriftlich festhalten. Die Maßnahmen sollten herausfordernd, aber machbar sein und Sie dem Ziel näher bringen. Überlegen Sie auch, ob Sie diese Maßnahmen selbst umsetzen wollen oder wer von Ihren Mitarbeitern bzw. Dienstleistern dafür infrage kommt.

Was hier entsteht, ist die Strategie für den Planungszeitraum, also der Weg zum Ziel. Wenn Sie bei der Planung der Maßnahmen sind, sollten

Sie sich Feedback holen. Fragen Sie Experten oder zumindest ausgewählte Mitarbeiter, ob Ihre Einschätzung realistisch und sinnvoll ist.

3. Investitionen und Ressourcen planen

Wenn Sie Ihre Projekte und Maßnahmen aufgeschrieben haben, gehen Sie bitte Ihren Investitions- und Budgetplan noch einmal im Detail durch. Dieser wird zwar schon im Punkt zwei der ZIELPULS-Formel angelegt, kann aber erst finalisiert werden, wenn alle Maßnahmenpläne konkretisiert sind. Hier entsteht zum schriftlichen Businessplan im einfachsten Fall meist eine Excel-Tabelle, die vertikal die Umsatz- und Investitionsbereiche auflistet und horizontal die Monate. Die Zellen dieser Excel-Tabelle zeigen somit die geplanten Einnahmen und Ausgaben. Unten steht dann jeweils für die einzelnen Monate sowie fürs gesamte Planungsjahr der Gewinn vor Zinsen und Steuern (Earnings before Interest and Taxes / EBIT). Anmerkung: Um später einen Soll-Ist-Vergleich zu haben, können Sie die realisierten Umsätze und Kosten in einer identischen zweiten Tabelle eintragen und erhalten somit auch ein erstes, einfaches Controllingsystem (siehe Grafik auf der folgenden Seite).

Mir ist klar, dass diese Soll-Ist-Planung weit weniger umfasst, als die Betriebswirtschaftslehre mit Umsatz- und Kostenrechnung, Finanz- und Bilanzkennziffern, Bewertungsverfahren, AfA-Modellen etc. vorgibt. Für pragmatisches Marketing reicht dies aber. Neben Innovation, einem klaren Organisationsaufbau (Organigramm) und gut funktionierenden Prozessen (Ablauforganisation im Unternehmen) ist das Planen, Messen und Kontrollieren vielleicht die wichtigste Erfolgstätigkeit für Sie als Chef und Ihre Controller. Wie ein Pilot im Cockpit brauchen Sie Instrumente, die Ihnen zeigen, wo Ihr Flugzeug sich gerade befindet und wohin es fliegt. Dabei zählen die Ergebnisse.

Bei kleinen Unternehmen sollten diese Planungen nicht mehr als zwanzig bis dreißig Seiten in Anspruch nehmen, gern visualisiert, damit Sie im Verlauf des Planungszeitraums den Stand auf einen Blick erfassen können. Was erledigt ist, können Sie dann einfach abhaken. Und Sie können jederzeit rasch prüfen, ob Sie im Plan liegen.

Sofern es sich um eine Unternehmensneugründung handelt, sollten Sie auch alle juristischen, steuerrechtlichen und versicherungsrecht-

Musterfirma 2011	2011 1	2011 2	2011 3	2011 4	2011 5	2011 6	2011 7	2011 8	2011 9	2011 10	2011 11	2011 12	Gesamt 01.01.-31.12.2011
Umsatzgruppe 1: Exp.-Coachings	**11.000**	**2.500**	**14.500**	**5.000**	**13.500**	**2.500**	**14.500**	**2.500**	**11.000**	**5.000**	**11.000**	**11.000**	**104.000**
Einzeltage: 2.500,00 €	2	1	1	2	3	1	1	1	2	2	2	2	20
Coaching-Pakete: 6.000,00 €	1	0	2	0	1	0	2	0	1	0	1	1	27
Umsatzgruppe 2: Exp.-Vermittlung	**12.500**	**30.350**	**20.300**	**20.500**	**23.000**	**18.500**	**13.400**	**5.500**	**10.500**	**18.750**	**17.300**	**5.500**	**196.100**
	usw.	usw.	usw.	usw.	usw.	usw.	usw.	usw.	usw.	usw.	usw.	usw.	usw.
Einnahmen Musterfirma 2011	**55.433**	**65.334**	**55.305**	**42.303**	**55.339**	**44.539**	**33.300**	**22.334**	**44.533**	**65.030**	**43.450**	**44.533**	**571.433**
Materialaufwand/Einkauf	**4.303**	**4.035**	**1.440**	**3.040**	**3.704**	**4.300**	**5.030**	**9.300**	**4.302**	**2.604**	**4.930**	**4.030**	51.018
Umsatzgruppe 1: Experten-Coaching:	3.043	3.305	300	2.345	2.306	3.360	3.045	8.703	3.065	346	3.456	3.634	36.908
	usw.	usw.	usw.	usw.	usw.	usw.	usw.	usw.	usw.	usw.	usw.	usw.	usw.
Personalaufwand	**8.040**	**8.040**	**8.040**	**8.040**	**8.040**	**8.040**	**8.040**	**10.330**	**10.330**	**10.330**	**10.330**	**10.330**	**107.930**
Anzahl Mitarbeiter	3,0	3,0	3,0	3,0	3,0	3,0	3,0	4,0	4,0	4,0	4,0	4,0	3,4
Mitarbeiterin Anna Baumann	2.750	2.750	2.750	2.750	2.750	2.750	2.750	2.750	2.750	2.750	2.750	2.750	33.000
	usw.	usw.	usw.	usw.	usw.	usw.	usw.	usw.	usw.	usw.	usw.	usw.	usw.
Projektaufwand	**4.030**	**13.030**	**8.030**	**8.304**	**12.040**	**12.303**	**10.303**	**3.030**	**8.030**	**10.203**	**8.030**	**5.034**	**102.367**
Projekt 1: Kundennr. 323/Auftragsnr. 133	0	0	0	0	0	5.400	0	0	0	0	0	0	5.400
Catering	0	0	0	0	0	5.400	0	0	0	0	0	0	5.400
	usw.	usw.	usw.	usw.	usw.	usw.	usw.	usw.	usw.	usw.	usw.	usw.	usw.
Marketing-/Vertriebsaufwand	**6.030**	**3.221**	**13.030**	**1.494**	**322**	**3.693**	**2.303**	**5.210**	**1.303**	**3.030**	**583**	**193**	**40.412**
Website neu:	4.500	0	10.500	0	0	0	0	0	0	0	0	0	15.000
Webdesigner	0	0	10.500	0	0	0	0	0	0	0	0	0	10.500
Texter	4.500	0	0	0	0	0	0	0	0	0	0	0	4.500
	usw.	usw.	usw.	usw.	usw.	usw.	usw.	usw.	usw.	usw.	usw.	usw.	usw.
Sonst. Aufwendungen	**4.830**	**3.560**	**4.530**	**4.030**	**3.904**	**3.930**	**4.030**	**4.030**	**5.803**	**4.990**	**4.034**	**5.300**	**52.971**
Beratungsleistungen/Abschluss/Recht/PR	1.500	1.500	1.500	1.500	1.500	1.500	1.500	1.500	1.500	1.500	1.500	1.500	18.000
Rechtsanwalt	250	250	250	250	250	250	250	250	250	250	250	250	3.000
Weiterbildung	350	350	350	350	350	350	350	350	350	350	350	350	4.200
Miete	1.200	1.200	1.200	1.200	1.200	1.200	1.200	1.200	1.200	1.200	1.200	1.200	14.400
	usw.	usw.	usw.	usw.	usw.	usw.	usw.	usw.	usw.	usw.	usw.	usw.	usw.
Summe Aufwand (direkt und indirekt)	**34.733**	**39.386**	**42.570**	**32.408**	**35.510**	**39.766**	**37.206**	**39.400**	**37.268**	**38.657**	**35.407**	**32.387**	**444.698**
Gesamtaufwand in % vom Umsatz	63%	60%	77%	77%	64%	89%	112%	176%	84%	59%	81%	73%	78%
EBIT (Gewinn)	**20.700**	**25.948**	**12.735**	**9.895**	**19.829**	**4.773**	**-3.906**	**-17.066**	**7.265**	**26.373**	**8.043**	**12.146**	**126.735**
EBIT in % vom Umsatz	37%	40%	23%	23%	36%	11%	-12%	-76%	16%	41%	19%	27%	22%

Sie können ein leere Muster-Excel-Vorlage dieses Planungstools für Ihre Zwecke von www.expertst4events.com/ausverkauft kostenfrei downloaden.

lichen Fragen notieren und klären. Darüber hinaus sollten Sie auch alle Fragen, die die Finanzierung betreffen, festhalten.

Kopieren Sie Ihren Bierdeckel-Businessplan, in dem Ihr Unternehmen beschrieben ist, und legen Sie jeweils ein Exemplar auf Ihren Schreibtisch und die Schreibtische Ihrer wichtigsten Entscheider. Sie alle sollten ihn jeden Tag im Blick haben. Blocken Sie bitte in Ihrem Kalender wöchentlich, monatlich, quartalsweise und zum Jahresende Planungszeiten mit Ihrem Team, damit Sie einen Soll-Ist-Vergleich vornehmen, sich über Fortschritte und Erfolge freuen und eventuell korrigierend eingreifen können. Planung ist ein rollierender Prozess. Je intensiver Sie sich damit beschäftigen, umso besser funktioniert's. Tun Sie's, es macht Spaß. Tun Sie's im Team, das ist oft noch effektiver.

Henry Ford erklärte einmal sinngemäß: »Enten legen ihre Eier in aller Stille, Hühner gackern dabei. Und was isst die ganze Welt? Hühnereier!« Was heißt das für Ihre 4e-Marketingstrategie? Sie müssen auf dem Weg zum Erfolg mindestens zwei wichtige Aufgaben erledigen: schöne Eier legen und dann laut gackern!

Warum haben die meisten großen Marken und die bekannten Experten eine so hohe Bekanntheit, viel Presse, hohe Umsätze und entsprechende Gewinne? Warum laufen, so das Weiterbildungsmagazin *managerSeminare*, achtzig Prozent der Akquise von Trainern über den Preis, wohingegen bei einigen anderen Trainern (hohe) Honorare undiskutiert akzeptiert werden? Letztere legen eben attraktivere Eier und sich selbst einige Jahre richtig ins Zeug, gackern viel und gut und nutzen dann die »Kraft des Augenblicks«, indem sie mit minimalem Aufwand die (Geld-)Maschine bis ins hohe Alter im Rollen halten. Wenn Sie diese »Alterssicherung« für Ihre Marke oder sich auch möchten, dann heißt das mindestens für die nächsten drei Jahre immer wieder »GAG«: gestalten, ackern und gackern.

Neue Kunden gewinnen – sich positionieren

Der einfachste Weg, neue Kunden zu gewinnen, ist: besser als gut zu sein. Und bei den »neuen Kunden« sollten Sie immer Ihre ideale Zielgruppe im Blick haben. Bitte vergessen Sie bei der Auswahl Ihrer idealen Zielgruppe nicht, dass Sie die Menschen, die Sie ansprechen wollen, auch mögen respektive schätzen müssen. Die Zielgruppe muss auch Sie inspirieren und begeistern, sonst gehen Sie vielleicht mit zu wenig Lust auf diese Menschen zu.

Beispiel

Eine Persönlichkeit hat mich in den letzten Jahren ganz besonders fasziniert – und Millionen andere Menschen auch: Randy Pausch, damals Professor an der Carnegie Mellon University in Pittsburgh (USA). Er starb, nur 47 Jahre alt, am 25. Juli 2008 an Bauchspeicheldrüsenkrebs. Im August 2007 hatten ihm – dem sportlichen, gut aussehenden Intellektuellen, Ehemann und Vater von drei kleinen Kindern – die Ärzte erklärt, dass er nur noch ungefähr sechs Monate zu leben hätte. Viele andere Menschen hätten nun schwerste Depressionen bekommen oder schnell noch eine Weltreise angetreten. Randy Pausch hingegen fokussierte all seine Energie auf eine mittlerweile weltberühmte »last lecture«, eine letzte Vorlesung. Er nannte sie »Really Achieving Your Childhood Dreams« und hielt sie am 18. September 2007 im großen Auditorium. Aktuelle und frühere Studenten, Fakultätskollegen, seine Frau und einige andere Gäste füllten den Saal. Es war einer der inspirierendsten Vorträge, die ich je gehört habe. In dieser motivierenden Rede mit optimistischem Ton, gemischt mit Humor, interessanten Inhalten und Einblicken in sein Leben, faszinierte und bewegte Pausch das Publikum. Spätestens als er diese Rede mit seinen persönlichen Erkenntnissen am Ende des Vortrags seinen Kindern widmete, waren alle ergriffen. Diese Vorlesung wurde weltberühmt, das Fernsehen berichtete; und vor allen Dingen wurde die YouTube-Vollversion millionenfach abgerufen. Waren die Zuhörer dieser Abschiedsvorlesung mit traurigen Gefühlen gekommen, so verließen sie den Raum motiviert und voller Begeisterung für diesen Mann und seine Botschaften. Pausch brachte daraufhin ein Buch mit dem Titel *The Last Lecture* heraus, das sich umgehend auf den Bestsellerlisten platzieren konnte. Er sicherte damit auch die finanzielle Existenz seiner Familie, was er vermutlich anfangs gar nicht beabsichtigt hatte.

Die Quintessenz dieser Geschichte für Ihre Neukundengewinnung: Auch hier bestätigt sich, dass ein Randy Pausch keine Akquise machen musste. Seine kraftvolle Story, seine Rede und das Buch sind attraktiv für Millionen von Menschen. Aber er war so, auch vor seiner Krankheit. Er lebte, was er später sagte, und er sprach beeindruckend über das, was er weitergeben wollte. Das war Authentizität in Reinform. Er hat sich unsterblich gemacht – mit ein paar wenigen Vorträgen in kürzester Zeit. Sie mögen sagen, dass es makaber ist, Marketingwirkung anhand eines Todgeweihten und seiner Story zu demonstrieren. Ich glaube aber, dass Randy Pausch genau das wollte. Er wollte Wirkung und nicht betrauert werden. Und Randy Pausch ist vermutlich das beste Beispiel, dass starke Produkte Akquise und Kundenbindung nahezu ersetzen.

Um einfach Neukunden zu gewinnen und sich zu positionieren, können Sie auf den größten Teil des *House of Easy Marketing* zurückgreifen.

Dieses Haus ist so angelegt, dass es acht Räume hat – oder sieben Räume plus Flur. Sechs Handlungsräume gehören zum Bereich Neukundengewinnung und damit Ihrer Positionierung, zwei zum Bereich Bestandskunden. Aus diesen acht Räumen können Sie im Rahmen Ihrer Businessplanung Marketingmaßnahmen auswählen.

Natürlich gibt es noch andere Möglichkeiten, Kunden zu gewinnen oder zu binden, zum Beispiel über Massenwerbung in Zeitungen, Magazinen, Radio und Fernsehen. Da diese Kanäle jedoch eher von größeren Unternehmen mit teils riesigen Marketingbudgets genutzt werden und meiner Philosophie vom einfachen Marketing nicht entsprechen, möchte ich darauf in diesem Buch nicht eingehen. Das heißt nicht, dass sie in Ihrem Bierdeckel-Businessplan keine Rolle spielen sollten, sondern nur, dass nach meiner langjährigen Marketingerfahrung Investitionen in die acht Handlungsräume wesentlich mehr Umsatz und Gewinn bringen. Ausnahmen bestätigen auch hier die Regel.

Wie die Grafik zeigt, beruhen alle diese Handlungsräume auf drei Voraussetzungen, dem Fundament des Hauses und Ihres Unternehmens:
1. auf der richtigen Unternehmereinstellung,
2. auf einem attraktiven Produktsystem (in Kombination mit einer entsprechend gut positionierten Marke oder Expertenpersönlichkeit) und
3. auf einer professionellen Datenbank, also einem Customer-Relationship-Management-System oder einem Enterprise-Resource-Planning-System.

Sind die Voraussetzungen erfüllt? Dann denken Sie ab nun darüber nach, welche der acht Handlungsräume für Ihre 4e-Marketingstrategie interessant sind. Ich führe Sie durch alle Zimmer und werde Ihnen zahlreiche Tipps geben, immer so, dass Sie sie leicht umsetzen können.

Bei Ihrer persönlichen Auswahl sollten Sie im Wesentlichen zwei Kriterien berücksichtigen:
1. Was bewirkt bei der idealen Zielgruppe am einfachsten und schnellsten einen Kaufabschluss?
2. Welche der möglichen Maßnahmen entspricht Ihnen, Ihren Talenten, Neigungen, Ihrem Team (ggf. auch externen Helfern) am meisten?

Wenn Sie danach auswählen, werden Sie schnell Erfolge haben.

Netzwerkmarketing

Beim Stichwort »Networking« zucken erfahrungsgemäß viele zusammen oder winken gar gleich ab. Doch ich versichere Ihnen: Netzwerkmarketing kann einfach sein und Spaß machen!

Netzwerkmarketing sollte eine Hauptsäule Ihrer 4e-Marketingstrategie sein, denn wir alle (über-)leben – ob wir wollen oder nicht – durch unsere Netzwerke.

Schon von klein auf sind wir abhängig von unserem familiären Netzwerk. Wir bauen einen Freundeskreis auf, der uns prägt und voranbringt. Später in Schule und Studium suchen wir uns Arbeitsgruppen, um gemeinsam leichter zu lernen. Im Beruf bauen wir Netzwerke von Kollegen und Partnern auf, die uns helfen, unsere Aufgaben zu erfüllen. Das stärkste Netzwerk-Band, ein One-to-one-Netzwerk, das wir bauen, ist sicher das zu unserem (Ehe-)Partner, den wir sehr genau unter die Lupe nehmen, bevor wir Ja zu diesem lebenslangen (Netz-)Werk und dessen Ausbau durch Kinder und gemeinsame Freunde sagen.

Kennen Sie den Film »Cast Away« mit Tom Hanks, in dem er nach einem Flugzeugabsturz allein auf einer einsamen Insel landet? Was macht er nach einigen Tagen? Er bemalt einen ebenfalls gestrandeten Fußball mit einem Gesicht und nennt ihn »Wilson«, der sein bester Freund, »Netzwerkpartner« und Kraftspender wird – und ihm dadurch das Überleben sichert.

Wenn ich mit meinen Coachingkunden ihren Netzwerkstatus analysiere, lautet das Ergebnis häufig: Meine Coachees kennen viel mehr tolle Menschen, als sie selbst gedacht hätten. Das Problem ist aber, dass diese tollen Menschen häufig den Coachee nicht (mehr) kennen, da er zu wenig für das Networking mit diesen Menschen getan hat oder zu uninteressant ist.

Tipp!

Netzwerken funktioniert dann am besten, wenn Sie

- es wirklich wollen und die richtige Einstellung, also positive Glaubenssätze, dazu entwickeln,
- sich im Klaren darüber sind, was Sie wollen und wen Sie dazu benötigen,

- von anderen lernen und mit anderen zusammen wachsen wollen,
- bereit sind, in das Netzwerken zu investieren (mindestens Zeit),
- eine Netzwerk-Persönlichkeit sind oder durch die folgenden Tipps werden,
- verstehen, dass Netzwerken nicht einer von vielen Punkten auf Ihrer To-do-Liste ist, sondern wesentlicher Bestandteil des Unternehmerdaseins.

Ein Netzwerk ist zunächst gar nicht verkäuferisch oder marketingbezogen zu sehen, sondern es zielt darauf ab, dass sich Menschen gegenseitig dabei unterstützen, unterschiedlichste Ziele zu erreichen. Aber in all diesen Netzwerken müssen wir uns – als ein Teil davon – jeden Tag aufs Neue »verkaufen«, uns von unserer besten Seite zeigen, etwas einbringen, damit die anderen etwas zurückbringen. Wir müssen uns attraktiv halten, damit wir im Netzwerk bleiben dürfen.

Aber wie geht das nun erfolgreich *und* einfach? Auch hier gilt wieder: Am einfachsten geht's, wenn Sie ein hypergeniales Angebot haben, das die Netzwerkpartner förmlich magnetisch in Ihr Netzwerk zieht. Wenn das Netzwerken bei Ihnen bisher nur mäßig funktioniert hat, dann liegt das eben meistens und hauptsächlich an Ihren Angeboten, an Ihren Produkten, an Ihren Dienstleistungen, Ihrer Story. Dann ist es ratsam, als Allererstes an sich zu arbeiten. Erst danach beschäftigen Sie sich mit der Grundfrage erfolgreichen Netzwerkens.

Diese Grundfrage lautet: Wo treffe ich meine Kunden, Partner oder Multiplikatoren *persönlich*? Bei persönlichen Treffen wie beim Netzwerken insgesamt geht es um zwei Ziele: gute Kontakte aufzubauen *und* zu pflegen!

Überlegen Sie, was Sie wollen und wen Sie wollen. Wissen Sie, was Ihre Zielpersonen wollen? Es ist übrigens ein Trugschluss, dass das Ziel Nummer 1 bei den meisten Netzwerkern eine Umsatzsteigerung sei. Viele netzwerken, um einen besseren Job zu bekommen, Karriere zu machen oder um Menschen, an die man sonst nicht rankäme, über einen Netzwerkpartner kennenzulernen. Andere wollen vielleicht Mentoren finden. Wieder andere suchen Investoren. Es gibt viele Gründe, zu netzwerken, in jedem Fall ganz selten nur einen.

Netzwerken heißt für Sie als Marketingexperte, rauszugehen, persönliche Gespräche zu führen, Kontakte aufzubauen, sich zu unterhalten, zu lachen, zu lernen, zu staunen, zu geben, zu begeistern ... sodass die Netzwerkpartner gern von sich aus in Ihr Netzwerk möchten. Netzwerken ist etwas für die, die diesen persönlichen Kontakt auch zumindest halbwegs mögen. Gilt das für Sie nicht, dann könnten Sie Ihre Einstellung verändern, es lernen – oder Sie entscheiden sich dafür, diesen Handlungsraum nur spärlich auszustatten und Ihre Ressourcen in die anderen Räume des House of Easy Marketing zu investieren, womit Sie allerdings Potenzial verschenken würden.

Wenn Sie ohnehin ein kontaktfreudiger Mensch sind oder Lust haben, das Netzwerken zu lernen, dann müssen Sie eigentlich nicht viel tun.

Zunächst unterscheiden wir im marketingorientierten Netzwerken zwischen *drei wichtigen Netzwerkarten:*

1. Das Netzwerk der (potenziellen) Endkunden. Hier geht es um diejenigen, die die Unterschrift leisten, um die Entscheider mit dem Geldbeutel: Die meisten Netzwerker, die ich kenne, suchen mit dem Zielfernrohr nach diesen Kunden, Waffe im Anschlag. Sie sehen sie als Wild, das erlegt werden muss. Wie lange man von einem erlegten Wild etwas hat, erklärt sich von selbst. Also: Erschießen Sie Ihre Kunden nicht; locken Sie sie lieber. Diese Fokussierung auf die Kunden und die, die es eventuell werden, ist jedenfalls die wichtigste, denn hier können Sie rasch gute Umsätze erzielen.

Was sind in Ihrer Branche, in Ihrem Zielgebiet die Netzwerke, in denen Sie Ihre Endkunden persönlich treffen? Sind es die Rotary-, Lions- oder Marketingklubs, wenn Sie Marketing-Entscheider als Zielgruppe haben? Ist es der Bundesverband mittelständische Wirtschaft, wenn Sie Entscheider mittelständischer Firmen kennenlernen möchten? Wo müssten Sie hingehen, wenn Zahnärzte Ihre idealen Kunden sind? Googeln Sie, recherchieren Sie, erstellen Sie eine Prioritätenliste und probieren Sie aus ...

2. Das Netzwerk der (potenziellen) Empfehler. Empfehler sind Menschen, die (gegebenenfalls in einem anderen Produkt- oder Themenzusammenhang) mit Ihren potenziellen Endkunden zusammenarbeiten.

Wenn Sie dabei auf Ihre direkten Wettbewerber stoßen, ist das ein gutes Zeichen dafür, dass Sie in diesem Netzwerk richtig sind. Und offenbar gibt es dort Potenzial für Empfehlungen. In ganz seltenen Fällen gibt es auch Empfehlernetzwerke, die aus reinen Wettbewerbern bestehen, insbesondere wenn der Markt groß genug ist und die Wettbewerber bestimmte, abgrenzbare Spezialisierungen in einem Themengebiet vorweisen. Gerade Branchenverbände sind hier gute Beispiele. Wenn Sie Trainer oder Speaker sind, dann könnte die German Speakers Association e.V. ein gutes Netzwerk sein, da Sie dort viele Speaker anderer Expertisen oder solche, die in anderen Regionen der Welt arbeiten, von sich faszinieren können. Diese empfehlen Sie dann vielleicht weiter, sofern sie selbst nicht das entsprechende Thema oder die gewünschte Sprache besetzen. Wenn Sie Vermögensberater sind, bieten sich Wirtschaftsprüfer- und Steuerberater-Netzwerke oder -Verbände an, denn dort treffen Sie potenzielle Empfehler und eventuell sogar Endkunden.

3. Eine Mischform sind **Messen**, die auch nichts anderes sind als regelmäßig organisierte Netzwerktreffen, bei denen Sie sich entscheiden können, ob Sie sich als Aussteller präsentieren oder als Messebesucher »netzwerkaktiv« sind. In jedem Fall aber sollten Sie Messen dazu nutzen, neue Kontakte aufzubauen, die direkt oder indirekt zu einem Geschäft führen. Googeln Sie nach Themenmessen, auf denen Sie sich präsentieren können, besuchen Sie Messen, auf denen Ihre Kunden oder Multiplikatoren anzutreffen sind, schauen Sie sich die Aussteller- und Teilnehmerlisten an und vereinbaren Sie Gesprächstermine.

Bei der Auswahl der passenden Netzwerke orientieren Sie sich an Ihrem idealen Kunden. Und fragen Sie sich dabei immer: »Wer kann mir helfen, meine Ziele zu erreichen?«

Wenn Sie Ihre Netzwerke ausgewählt haben, reservieren Sie sich bitte Zeit, um Ihre Netzwerkziele umzusetzen. Diese Zeit ist gut investierte Marketingzeit. Definieren Sie die Maßnahmen, die Sie in dieser Zeit ergreifen wollen, und führen Sie diese konsequent und diszipliniert aus. Das können Telefonate sein, um persönliche Treffen auf Netzwerk-Events zu vereinbaren, Anmeldungen für Veranstaltungen, Bewerbungen als Vortragender auf Kongressen, Recherche zu Teilnehmern und Abläufen u. v. m.

Tipp!

Überlegen Sie auch, ob Sie nicht sogar ein Netzwerk gründen wollen. Sie könnten zum Beispiel regelmäßige Netzwerktreffen organisieren, einen Verein gründen oder eine Messe organisieren. Was auch immer dazu führt, dass Sie effektive Kontakte knüpfen können, tun Sie es. Aber nur auf hohem Niveau, mit vollem Einsatz und echter Begeisterung, sodass Ihnen die Menschen, die Ihnen wichtig sind, in das Netzwerk folgen.

Ich selbst war schon immer ein überzeugter Netzwerker, auch wenn es gar nicht so meine Stärke ist, von mir aus auf Leute zuzugehen. Da ich aber ein Machertyp bin, habe ich mich mit meiner Frau Claudia für die Gründung eines Vereins entschieden, der German Speakers Association (GSA). Dafür gab es viele gute, auch einige völlig uneigennützige Gründe, aber ein wichtiger Motivator war für mich durchaus, mit diesem Verein viele Menschen auf mich aufmerksam zu machen. Es haben sich daraus unzählige Kontakte zu Kunden, Kooperationspartnern, Lieferanten und anderen ergeben, die mich im Laufe der Zeit privat wie beruflich bereichert und empfohlen haben. Das ging aber nur, weil ich zunächst unglaublich viel in dieses Netzwerk investiert habe: Zeit, Geld, Know-how, Kontakte u. v. m.

Inzwischen sind daraus zahlreiche geschäftliche Projekte entstanden. »Reiche« Beziehungen führen immer zu viel mehr als Geld und Erfolg. Vermögen ist eben weit mehr als Geld, beruflicher Erfolg und Besitz. Und wenn wir unser Vereins- und Netzwerkengagement bewerten müssten, dann stehen ganz oben die echten Freundschaften, die daraus entstanden sind.

Wenn Sie sich also fürs Netzwerken entscheiden, dann mit vollem Engagement (wie bei allem). Was brauchen Sie neben Attraktivität dafür?

- Ein für die Netzwerkpartner passendes **Angebot**: Wenn Sie auf einen Kongress des Bundesverbands mittelständische Wirtschaft gehen und dort netzwerken, sollten Sie etwas im Angebot haben, was auf diese Zielgruppe zugeschnitten ist, eventuell sogar ein individualisiertes Angebot. Als Anbieter von CRM-Software sollten Sie eine (Preis-)Konfiguration der Software vorbereitet haben, die die Möglichkeiten und Bedürfnisse der kleinen bis großen Mittelständler trifft. Als Trainer sollten Sie Themen, Lösungen und Trainingskonzepte vorbereitet haben, die diese Zielgruppe üblicherweise gern kauft und aktuell benötigt. Legen Sie den Schwerpunkt dabei weniger auf den Preis als vor allem auf den Nutzen.

- Ein zum Angebot passendes **Kommunikationsmedium**: Viele Netzwerker setzen hier vor allem auf ihre Firmenbroschüre. Ideal wäre es, wenn Sie diese durch eine einlegbare individualisierte Angebotsseite ergänzen. Wenn Sie Ihre Broschüre übergeben, fragen Sie bitte immer nach der Visitenkarte Ihres neuen Kontakts.
- Ein **Give-away** zum Staunen, ein erstes für den Empfänger wertvolles Geschenk. Wenn Sie mit Kaffeemaschinen handeln, kann dies beispielsweise eine Broschüre sein, die die zwölf Regeln für eine professionelle Kaffeezubereitung erklärt. Oder je nach Ihrem Produkt auch eine Produktprobe. Oder wenn Sie Trainer sind, ein kostenloser Zugang zu Ihrer Online-Lernplattform mit ersten inhaltsreichen Videos. Oder einfach nur eine originelle Visitenkarte wie die von Dr. Roman F. Szeliga, der als Speaker eine grüne Visitenkarte verteilt, bei der man sein Ganzkörperfoto aufklappen kann. Oder denken Sie an den amerikanischen Vertriebsexperten Jeffrey Gitomer, der keine Visitenkarten verteilte, sondern seine Kontaktdaten auf einen goldfarbenen Taler gestanzt hat. Praktisch war das nicht unbedingt, aber es war anders und machte Eindruck. Oder an die Firma Rösle, die mit ihrer Weißwurstfibel *Über die Rettung der Weißwurst* nicht nur in Bayern viele Fans gewonnen und ein großes Netzwerk aufgebaut hat. Das muss nicht viel kosten, aber eben einen ersten guten Eindruck machen. Und meistens, wiewohl nicht immer gilt: Je mehr Sie geben, desto mehr wird Ihnen gegeben.

Wie bei fast allem hilft auch beim Netzwerken eine gute Vorbereitung. Das erleichtert es Ihnen vielleicht auch, selbstbewusst und mutig auf andere zuzugehen. Bereiten Sie sich auch darauf vor, vereinzelt mal eine Abfuhr zu bekommen. Aber die meisten von uns haben ja schon in der Jugend gelernt, mit einem Korb umzugehen. Seien Sie offen, fröhlich und freundlich. Wenn Sie so richtig schlechte Laune haben, gehen Sie besser gar nicht erst los.

Lernen Sie den Small Talk mit seinen Regeln, lernen Sie zu kommunizieren und vor allen Dingen zu fragen, schauen Sie den Menschen glücklich in die Augen. Gehen Sie langsam vor, drängen Sie niemanden. Im Vordergrund steht *nicht* der nächste Auftrag. Wenn Sie Netzwerkkontakte aufbauen, geben Sie erst. Je höher Ihre Zielpersonen angesiedelt sind, desto wichtiger ist Ihre Zurückhaltung und Geberbereitschaft. Was hat jemand von Ihnen? Keine Angst: Sie werden früher oder später etwas zurückbekommen. Interessieren Sie sich für den anderen, dann werden Sie irgendwann Gemeinsamkeiten entdecken und der andere wird sich für Sie interessieren. Dann können Sie punkten. Jede Ihrer Aktionen zählt, aber nicht jede ist erfolgsentscheidend. Je natürlicher und unverkrampfter Sie auf andere Leute zugehen, umso natürlicher und unverkrampfter werden nach dem Gesetz der Resonanz andere Ihnen gegenüber sein. Und umso mehr Spaß macht das Netzwerken. Seien Sie Sie selbst, denken, reden und handeln Sie ehrlich. Gleiches zieht sich an.

Viele Menschen netzwerken hauptsächlich horizontal oder nach unten, das heißt mit Kollegen höchstens derselben Ebene oder mit Mitarbeitern. Das liegt häufig an einem mangelnden Selbstbewusstsein. Dabei ist das Netzwerken nach oben die effektivste Möglichkeit, um schnell weiterzukommen und seine Ziele zu erreichen. Zögern Sie deshalb nicht, Personen zu kontaktieren, die eine höhere Position haben als Sie. Wiederholen Sie den Glaubenssatz: »Ich bin es wert, mit Menschen in allen Positionen in Kontakt zu treten!«

Sie können im Übrigen Hunderte von Büchern zum Thema Networking lesen und entsprechende Seminare besuchen. Sicher können Sie dort auch eine Menge lernen. Aber der entscheidende Punkt ist das Handeln; Sie müssen sich einen Ruck geben und den ersten Schritt tun. Die Erfolge und auch die Misserfolge in der Praxis werden Sie dann weiterbringen. Also los: Worauf warten Sie?

Machen Sie Netzwerken zu Ihrer Alltagsaufgabe, nicht nur auf Messen oder Kongressen, sondern auch an der Hotelbar, im Restaurant, im Zug, im Bus, in der Senator-Lounge, beim Sport, in der Kaffeepause. Diese täglichen Übungen optimieren Ihre Kommunikationsmuster ungemein, insbesondere Ihre Fragetechnik. Und auch Ihre Freude am Networking wird beständig wachsen.

Sie wissen ja vielleicht, dass Sie mit jedem denkbaren Kontakt auf dieser Welt über durchschnittlich sechs Personen verbunden sind. Das hat ein amerikanisches Experiment ergeben, bei dem eine Nachricht von Person A an eine ihr unbekannte Person B gesandt werden soll. B ist nicht im Netzwerk von A. Person A sendet die Nachricht an alle Kontakte ihres Netzwerks mit der Bitte, diese Nachricht an alle eigenen Kontakte weiterzuleiten, und so fort. Nach durchschnittlich sechs solcher Weiterleitungen hat Person B die Nachricht erhalten. Dieses Beispiel zeigt eindrucksvoll, wie wenig Kontaktebenen notwendig sind, um sich mit einer völlig unbekannten Person zu vernetzen. Das ist schon faszinierend! Stellen Sie sich vor, dass Sie mit jedem Reisbauern in China über nur sechs Zwischenstationen verbunden sind. Und somit auch mit jedem CEO.[10] In Onlinenetzwerken wie Xing oder LinkedIn, die auf diesem Prinzip aufgebaut sind, sind häufig sogar nur zwei bis drei Personen notwendig, um den Kontakt zur gewünschten Person herzustellen – über Empfehlungen, Gruppen usw. Wenn Sie gut sind, wenn Sie Ihre Hausaufgaben in Sachen Attraktivität gemacht haben, sollte es jetzt keinen Grund mehr geben, auf Netzwerkmarketing zu verzichten. Nehmen Sie also entsprechende Maßnahmen in Ihre 4e-Marketingstrategie auf.

Kooperationsmarketing

Verkäufer suchen den direkten Weg zum Kunden vorwiegend allein. Marketingprofis lassen sich bevorzugt empfehlen und zum Kunden tragen.

Der vielleicht edelste Weg, Marketing zu betreiben, sind Kooperationen. Kooperieren bedeutet ja zunächst nur, zusammenzuarbeiten. Hoffentlich sehr gut. Kooperation im Marketingsinn geht aber weit darüber hinaus. Im Prinzip handelt es sich um die Reinform des Netzwerkens, denn hier unterstützen sich zwei oder mehr Partner wechselseitig, um ein bestimmtes Ziel zu erreichen. Aber eben unabhängig vom direkten persönlichen Kontakt, auf den das klassische Netzwer-

10 Vgl. Schneider, Reto U.: Das Buch der verrückten Experimente, München 2004, S. 185 ff.

ken setzt. Das können gemeinsame Ziele oder auch Individualziele jedes einzelnen Kooperationspartners sein. Hauptsache, es gibt eine Win-win-Situation. Aus klassischem Netzwerken entstehen als Folge sehr häufig Kooperationen.

Worin besteht nun der Unterschied zwischen Netzwerk- und Kooperationsmarketing? Beim Netzwerkmarketing fragen Sie, wo Sie Ihre (potenziellen) Kunden persönlich treffen können, um den Kontakt aufzubauen und zu pflegen. Der Netzwerkpartner hilft Ihnen zunächst gar nicht, sondern Sie helfen hoffentlich ihm, indem Sie ihm viel Nutzen bieten.

Beim Kooperationsmarketing hingegen fragen Sie sich bei der Suche nach potenziellen Partnern:

- **Wer kennt die Menschen bereits, die ich kennenlernen möchte?**
- **Wer ist Besitzer der Zielgruppen, die ich gerne für mich gewinnen möchte?**

Sie gehen also nicht unmittelbar auf Ihre Zielgruppe zu, sondern über den Kooperationspartner. Dieser bringt Sie mit seiner Zielgruppe zusammen, und zwar häufig über Empfehlungen.

Ist das nicht eine tolle Art, Marketing zu betreiben: Jemand, den Sie von Ihrem Produkt überzeugt haben, hat Hunderte oder Tausende Ihrer potenziellen Kunden in seiner Datenbank, die ihm vertrauen, zum Beispiel als Newsletter-Abonnenten oder als Leser eines Magazins, und empfiehlt Sie und Ihre Produkte an seine Community weiter. Göttlich!

Wenn Sie jetzt fragen, warum er das tun sollte, muss ich den Ball zurückspielen. Arbeiten Sie an der Attraktivität, der Außergewöhnlichkeit, der Anziehungskraft Ihres Angebots, damit jeder potenzielle Kooperationspartner es für einen großen Gewinn hält, mit Ihnen kooperieren zu dürfen. Vielleicht müssen Sie aber auch nur Ihr Selbstbewusstsein stärken. Es gibt leider zu viele, die von sich zu Unrecht denken, dass sie nur durchschnittlich sind.

Natürlich ist jeder Unternehmer erst mal grundsätzlich bereit, etwas ganz Tolles, etwas Außergewöhnliches, etwas Empfehlenswertes an seine Kunden oder Partner zu empfehlen, denn allein durch die Empfehlung eines wirklich faszinierenden Produkts begeistert er seine Zielgruppe, er ermöglicht ihr durch seine Empfehlung einen Mehrwert, der ohne die Empfehlung vielleicht nicht an die Zielgruppe herangetragen worden wäre. Was wäre das für ein Verlust für diese Menschen, nie von Ihnen gehört zu haben! Der Kooperationspartner wird Sie allerdings auf Herz und Nieren prüfen, bevor er Sie an das Wertvollste lässt, das er hat: seine Fangemeinde. Aber wenn das positiv ausgeht, dann werden Sie von Menschen weiterempfohlen, vielleicht sogar ohne dass diese eine Gegenleistung von Ihnen erwarten.

In der Regel erwartet derjenige, der Ihnen einen Vorteil verschafft, allerdings mehr als den Dank seiner Zielgruppe für diese Empfehlung. Was müssen Sie also tun, damit ein von Ihnen anvisierter Partner gern mit Ihnen zusammenarbeitet? Hier sind die Möglichkeiten so vielfältig wie das Marketingleben.

Der wichtigste Grundsatz: Fragen Sie Ihren Kooperationspartner, was er von der Kooperation erwartet, und hören Sie gut zu.

Ein typischer Kooperationsverlauf könnte so aussehen:

1. Sie stellen für eine bestimmte Zielgruppe ein grenzgeniales Angebotspaket mit vielen Vorteilen zusammen, das Sie mithilfe des Kooperationspartners kommunizieren möchten.
2. Sie recherchieren, wer im Markt bereits Zugriff auf diese Zielgruppe hat, wer diese Zielgruppe schon »besitzt«. Für diesen Entscheider überlegen Sie sich gute Argumente, warum er mit Ihnen kooperieren soll. Das Basisargument lautet: weil Sie und das, was Sie anbieten, für seine Kunden ausgesprochen spannend sind.
3. Sie machen mit diesem Entscheider einen Termin aus. Ob Sie Ihre Kooperationsidee erst mal mailen und dann ein Telefonat oder ein persönliches Gespräch vorschlagen oder umgekehrt Ihre Idee gleich am Telefon darlegen, hängt von der Zugänglichkeit des Entscheiders ab. Topentscheider bevorzugen häufig den schriftlichen Weg, während Marketingverantwortliche meist auch für telefonische Anfragen offen sind.
4. Bei diesem Telefonat oder persönlichen Gespräch stellen Sie sich und Ihre Kooperationsidee vor, präsentieren den Nutzen für die Zielgruppe des Kooperationspartners und fragen ihn, ob er sich das

vorstellen könnte. Meine Erfahrungen mit diesem Vorgehen sind ausgesprochen positiv. Häufig haben Kooperationspartner mein Angebot über ihren Newsletter oder Mailings empfohlen, ohne nach weiteren Vorteilen für sich zu fragen. Wenn der Entscheider zögert, fragen Sie nach den Gründen, und versuchen Sie, rauszuhören, was ihm wichtig ist. Und dann machen Sie entsprechende Vorschläge.

5. Wenn Sie schließlich Ihr Kooperationspaket geschnürt haben, halten Sie die Essentials bitte schriftlich fest. Manchmal reicht auch eine E-Mail-Zusammenfassung. Und schon geht es an die Umsetzung. Dabei sollten Sie darauf achten, dass für den Partner alles so unkompliziert wie möglich läuft, damit dieser nicht im Gegenzug für seine Empfehlung eine Menge Arbeit bekommt.

That's it. So habe ich in meiner unternehmerischen Laufbahn Hunderte von Kooperationspartnern für verschiedenste Projekte gewinnen können, die meine Angebote zum Nulltarif oder auch für eine Gegenleistung vermarktet haben. Den Wert solcher Empfehlungen kann man gar nicht überschätzen: Eine Empfehlung eines Menschen, den man kennt und vertraut, wiegt mehr als jede direkte Werbung.

Beispiel

Bevor ich Ihnen verschiedene Formen der Gegenleistung für Kooperationspartner aufzeige, hier ein Beispiel aus meinem Unternehmen: Um ein Zwei-Tage-Seminar über die Disney-Erfolgsgesetze und Disney-Kreativitätstechniken, das über 2000 Euro pro Person kostete, in Österreich zu vermarkten, reichten unsere direkten Datenbank-Kontakte nicht aus. Wir nutzten daher im Wesentlichen drei Kanäle, um dieses tolle Angebot an die Zielgruppen heranzutragen, vorwiegend Entscheider aus dem mittleren bis oberen Management: Onlinemarketing, Pressearbeit und eben Kooperationsmarketing. Mit der Marke Disney im Gepäck fing ich also an, die zwei Hauptgruppen möglicher Partner, die die Zielgruppe für das Seminar schon besaßen, durchzutelefonieren:

1. Unternehmen: Hier kooperieren Sie mit anderen Unternehmen, die die von Ihnen angestrebte Zielgruppe bereits haben. Eine Unternehmenskooperation bietet sich beispielsweise für einen Hersteller von Dentalzubehör und ein Dentallabor an; die gemeinsame Zielgruppe sind die Zahnärzte. Oder für einen Anbieter von CRM-Software und Marketingklubs, deren gemeinsame Zielgruppe Marketingleiter sind.

2. Medien: Vielleicht kooperiert der ADAC mit der Süddeutschen Zeitung, um Mitgliedschaften beim ADAC und Abos der SZ zu verkaufen. Ein Konzertveranstalter und ein Radiosender könnten zum Beispiel kooperieren, um Tickets einerseits an die Hörer zu verlosen, andererseits aber auch zu verkaufen.

Beim Disney-Seminar haben wir beispielsweise mit einem Adressbroker zusammengearbeitet. Dieser hat uns kostenlos geeignete Adressen für ein Mailing zur Verfügung gestellt und im Gegenzug für jede Anmeldung aus seinem Adresspool einen Prozentsatz X vom Umsatz erhalten. Wunderbar. Mit einer großen österreichischen Versicherungsgesellschaft haben wir eine Kooperation vereinbart, dass sie ihre Unternehmerkunden in Wien einlädt und von uns dafür einen Preisvorteil bekommt. Mit einem großen österreichischen Wirtschaftsmagazin vereinbarten wir eine Anzeigenkooperation. Dort war die Geschäftsleitung nur daran interessiert, das Seminar mit drei Anzeigen im Magazin zu haben. Kostenlos – allein das hätte mich Tausende von Euro gekostet und wäre so gar nicht finanzierbar gewesen. Im Gegenzug gab es für die Kunden des Magazins einen Rabatt auf die Seminare. So konnte ich einen großen Teil der nötigen Marketingleistung mit Kooperationen abdecken. Und das fast ohne Investment, nur über Beteiligungen am Umsatz.

Was also können Sie potenziellen Partnern generell anbieten, um sie für eine Kooperation zu begeistern? Hier einige klassische Beispiele, wobei Ihrer Fantasie keine Grenzen gesetzt sind:

- **Preisvorteile:** Das ist der übliche Weg. Grundsätzlich gibt es zwei Modelle, die Sie auch mischen können. Im ersten Fall bieten Sie Ihrem Kooperationspartner an, dass seine Kunden für Ihr Produkt nicht 100, sondern nur 70 Euro bezahlen (oder 80 Euro plus ein Add-on gratis dazu). Im zweiten Fall bezahlen seine Kunden für Ihr Produkt nur 80 Euro und der Kooperationspartner selbst bekommt für jedes über ihn verkaufte Produkt 10 Euro.
  Natürlich sind auch reine Sachvergütungen möglich, etwa in Form von Gegengeschäften: Der Partner bewirbt den neuen Energydrink in seiner Zielgruppe, dafür erhält er 1000 Stück für seine Mitarbeiter (bitte beachten Sie hier steuerliche Regelungen).
- **Nutzenvorteile:** Gerade bei Dienstleistungen ist dieser Punkt sehr variabel. Nehmen wir als Beispiel einen Seminarveranstalter. Die-

ser kann seinem Kooperationspartner anbieten, dass die über ihn gewonnenen Teilnehmer nach Seminarschluss noch eine Extrasession zur Umsetzungsunterstützung erhalten. Oder einen Platz in der ersten Reihe bekommen. Oder mit dem Experten am Mittagstisch sitzen. Oder bestimmte (Online-)Analysen wie etwa Persönlichkeitschecks, die normalerweise viel Geld kosten würden, gratis erhalten.
- **Markenvorteile:** Firmen lassen sich gerne als Kooperationspartner gewinnen, wenn sie im Gegenzug mit einer bekannten Marke zusammengebracht werden. Gelingt es Ihnen beispielsweise, eine namhafte Tageszeitung oder einen Radiosender als Partner zu gewinnen, ist dies der Türöffner zu vielen weiteren (Unternehmens-) Kooperationen.
- **Prestigevorteile:** Das ist der spannendste Teil, der bei den meisten Menschen auch am besten funktioniert. Der Zugang zum VIP-Bereich ist vielen mehr wert als ein Preisnachlass von 100 Euro. Der eingravierte Name des Kunden auf einem Produkt ist attraktiver als ein Rabatt. Ein gemeinsames Essen, das mit einem Foto dokumentiert wird und ins Büro gehängt werden kann (»Ich und Bill Clinton damals ...«), ist vielen Leuten eine Menge wert.

Wichtig beim Kooperationsmarketing ist, die Synergieeffekte zu messen und Ergebnisse zu kommunizieren. Das ist bei Preisvorteilen noch relativ einfach, wobei auch da immer wieder die Frage aufkommt, wer welchen Umsatzanteil ermöglicht bzw. erwirtschaftet hat. Wichtig sind hier:

- **Professionalität:** Richten Sie Ihrem Partner eine eigene Bestellseite ein, wo die von ihm geworbenen Kunden mit dem Preisvorteil buchen können. Oder vereinbaren Sie einen Buchungscode, der diese Preisermäßigung ermöglicht und über den das Ergebnis-Tracking gefahren werden kann. Oder gestalten Sie eine eigene Antwortkarte für die Kunden Ihres Partners, damit diese Umsätze eindeutig zuzuordnen sind.
- **Transparenz und Großzügigkeit:** Während und nach der Kooperation soll jeder Partner wissen, wo er steht und was dabei herausgekommen ist. Zwischenergebnisse während des Projektes motivieren bzw. geben die Möglichkeit, zu korrigieren. Eine finale Abrechnung, die alle Details und hoffentlich ein gutes Ergebnis enthält, ist Pflicht.

Im Optimalfall haben Sie nun nicht nur ein erfolgreiches Kooperationsprojekt, sondern zugleich ein Fundament für viele weitere gewinnbringende Kooperationen. Übrigens: Wenn wir uns später mit dem Kunden-Beziehungs-Management (CRM) beschäftigen, gehören diese für Sie wichtigen Multiplikatoren auch berücksichtigt.

Tipp!

Statt sich zu anderen ins Boot zu setzen, können Sie auch Partner in Ihr Boot holen. Das typische Modell ist hier das Affiliate-Marketing (to affiliate = angliedern). Ich als Zielgruppen-Besitzer vermarkte nicht nur die von mir produzierten Produkte, sondern auch die anderer Hersteller, die mein Produktsystem ideal ergänzen. Dabei schließe ich eine Provisionsvereinbarung oder andere Vorteilspakete mit den Lieferanten ab und werde so am Umsatz beteiligt.

Beispiel

Hunderttausende Dollar verdient Randy Gage über diesen Marketingkanal, indem er sein Angebot durch empfehlenswerte Angebote geschätzter (!) Kollegen ergänzt und Paketpreise anbietet. Seine ungeheuer zahlreichen Kunden, die sich bei ihm in sein E-Zine (elektronisches Magazin) eingetragen haben, folgen seinen Empfehlungen teilweise blind. Beim Verkauf solcher »Fremdprodukte« verdient Gage jedes Mal Provision, auch wenn er gerade am Strand von Miami liegt. Da Gage selbst ein riesengroßes Produktsystem mit vielen Passivprodukten (Hörbücher, Videos etc.) aufgebaut hat, erhält er durch Affiliate-Marketing im Gegenzug meist auch einen Kooperationspartner, der die Produkte von Gage wiederum in seinem Verteiler bewirbt – online wie offline!

Beispiel

Ein tolles Beispiel für eine Kooperationsveranstaltung ist übrigens das »Münchner Management Kolloquium«. Sie sehen auf dessen Website schon eine lange Liste von namhaften Partnern, die sich dann im Flyer fortsetzt. Mit dieser jedes Jahr hochkarätig besetzten Veranstaltung erreicht Univ.-Prof. Dr. Dr. h.c. mult. Horst Wildemann, Professor an der Technischen Universität München und Geschäftsführer der TCW Unternehmensberatung, nicht nur wertvolle Kooperationspartner, er betreibt auch erstklassiges Netzwerkmarketing mit der Topelite der deutschen Wirtschaft sowie gutes Eventmarketing mit allen Verkaufsimpulsen für sein Beratungsunternehmen vor Ort.

So sieht sie also aus, die Kunst, Kooperationen zu schmieden. Der Rest ist Erfahrung, die auch Sie schrittweise sammeln müssen. Kooperationen sollten Sie jedenfalls unbedingt in Ihre 4e-Marketingstrategie aufnehmen. Es sei denn, Sie wollen sich im wahrsten Sinne des Wortes nicht helfen lassen.

Eventmarketing

Beispiel

Als vor ein paar Jahren das Telefon läutete, war ein sehr guter Kunde aus dem Schwabenländle in der Leitung. Er ist in der Energiebranche aktiv und wollte eine Klärschlammanlage bauen. Dafür brauchte er einen höheren Millionenbetrag über Finanzgeber. Seine Anforderung: »Im Saal müssen alle Landräte, Oberbürgermeister und wichtigen kommunalen Entscheidungsträger aus dem Umkreis sitzen. Sie dürfen den Saal nicht ohne die feste Absicht verlassen, das Klärschlammprojekt mitzufinanzieren! Machen Sie mal ein Event dafür …«

Mein erster Gedanke war natürlich: Kein Mensch kommt, weil er Klärschlamm so spannend findet. Was also tun? Als Experten für Events kamen wir schnell auf die Lösung: Wir brauchten Professor Lothar Späth als Speaker. Späth, der früher selbst Kommunalpolitiker war, überzeugte dann auch alle anwesenden kommunalen Entscheider, dass es bei knappen kommunalen Kassen gar keine Alternative dazu gibt, unternehmerisch zu denken, zu handeln und zu investieren. Wir hatten fast alle wichtigen kommunalen Topentscheider aus dem Umkreis im Saal, denn wenn Lothar Späth kommt, muss man dort sein. Wir nennen das »Prestige-Magnetismus«. Mittlerweile ist die Anlage gebaut.

Wenn ich mir den Alltag meiner Kinder, die die Grundschule besuchen, so ansehe, stoße ich auf unzählige Events. Ein Klavier-Vorspiel nach dem anderen, Theatergruppen, Geburtstagsevents hier und da. Da kommt manchmal ganz schön Stress auf. Ob groß oder klein: Wir lieben es, bei Aufführungen zuzusehen oder auch mitzumachen. Wir genießen Opern, Theater, Konzerte und freuen uns über die Unterhaltung, die Emotionen. Und wir sind natürlich eventgeprägt, durch

Kindergarten, Schule, Studium, durch Spielgruppen, Unterricht, Vorlesungen, Trainings, Vorträge …

Das ganze Leben ist Event.

Und genau diese Eventprägung ist der Hauptgrund, warum Sie in Ihrem Marketing auch Eventformate einsetzen sollten. Das ist ein wunderbarer Weg zur Kundengewinnung wie auch zur Kundenbindung.

Weil es so viele Events gibt, besteht natürlich auch die Gefahr, dass die Leute mit Einladungen überhäuft werden. Deshalb setzt 4e-Eventmarketing nicht auf die üblichen Wir-haben-uns-alle-lieb-Events mit gutem Essen und Trinken. Oder auf die Wir-powern-uns-aus-und-beweisen-uns-was-Veranstaltungen im Klettergarten oder auf dem Nürburgring. Oder auf die Wir-sind-alle-Promis-und-lauschen-Netrebko-Abenden in der Philharmonie. Nein. Sie dürfen zwar auch mal ein Event im Angebot haben, das nur darauf zielt, dass sich alle mal wiedersehen und amüsieren. Aber als Ausnahme.

Vielleicht kommen ja sogar ganz viele Menschen, um in netter Gesellschaft gut zu essen und zu trinken. Der Erfolg eines Eventmarketing-Projekts sollte jedoch nicht daran gemessen werden, wie viele Teilnehmer gekommen und wie lange sie geblieben sind. Und auch nicht an den weichen Faktoren, die schwer oder gar nicht zu messen sind: Kundenzufriedenheit, Kundenbindung, Markenwertsteigerung, Pressewirkung usw. Das sind die Faktoren, die viele semiprofessionelle Anbieter gern hervorheben, um Sie davon zu überzeugen, dass sich die Investitionen in »Nice-to-have«-Events »auf lange Sicht« sehr lohnen werden. Das kann auch so sein, muss es aber nicht. Auf keinen Fall sollten Sie sich mit den weichen Faktoren zufriedengeben.

Marketing heißt am Ende, Umsatz zu machen, damit unsere Kunden und wir konstant weiter wachsen können. Und das muss auch messbar sein.

Fragen Sie Teilnehmer eines Events, ob die Veranstaltung die Erwartungen erfüllt hat, so erhalten Sie meist Antworten wie: Das Essen war ausgezeichnet, die Vortragenden waren interessant, die Künstler toll, die Location war cool, die Leute top und gut drauf … Aus Sicht der

Teilnehmer sind das die verständlichen Parameter, denn Teilnehmer wollen sich auf einem Marketingevent gut unterhalten, was Schönes essen, wertvolle Impulse bekommen, etwas erleben usw. Sie als Marketingstratege erfüllen diese Teilnehmer-Erwartungen nur als ein Mittel zum Zweck, um weiter gute Umsätze zu machen. Idealerweise vor Ort, spätestens aber nach dem Event durch begeisterte neue Kunden oder überzeugte Bestandskunden.

Glauben Sie es einfach nicht, wenn jemand behauptet, dass Erfolge beim Eventmarketing nicht seriös gemessen werden können. Bei vielen Eventformaten mag das ja zutreffen, aber nicht beim 4e-Eventmarketing. Ist der Erfolg eines Events genauso zu messen wie der eines Vertriebsmitarbeiters, der jeden Tag beim Kunden sitzt und ganz klar entweder einen unterschriebenen Vertrag mit X Euro Umsatz ins Haus bringt oder nicht? Ja! Ein Event, das ein Verkaufsziel verfolgt, bringt Verkäufer und Kunde genauso in einer Location zusammen. Wenn Verkäufer und Kunde in einer Location zusammen sind, können wir theoretisch genauso Verkaufsabschlüsse erzielen und messen. Was man natürlich nicht machen sollte: bei einem Kundenevent einfach die Drückerkolonnen reinschicken und Verkäufe generieren.

Ich plädiere daher für eine Eventvariante, die so aussieht: Ihre bestehenden oder zukünftigen Kunden folgen *gern* Ihrer Eventeinladung, um sich zu informieren, zu lernen, Spaß zu haben, sich auszutauschen und sich einfach wiederzusehen. Sie wissen im Vorfeld *nicht*, dass das Eventkonzept sicherstellt, dass sie während oder spätestens nach dem Event kaufen *wollen*. Wie das einfach geht? Here we go …

Die vier Erfolgsregeln im Eventmarketing

Erfolgsregel Nr. 1: Wählen Sie das richtige Eventformat!

Überlegen wir uns doch noch mal, wann ein Kunde eigentlich kauft. Vereinfacht: Er kauft dann, wenn er den Bedarf für ein Produkt neu entdeckt oder daran erinnert wird *und* wenn er Vertrauen in das Produkt, also das Lösungspotenzial, und den attraktiven Anbieter gewinnt. Dann muss nur noch der passende, idealerweise emotional angereicherte Kaufanreiz zur richtigen Zeit kommen und der Umsatz ist gemacht. Eine Kurzformel könnte also lauten:

Bedarf + Vertrauen + Kaufanreiz = Umsatz

Kaufanreize können Sie grundsätzlich in jedes Event einfach einbauen, aber das Eventformat, das am einfachsten Bedarf und Vertrauen erzeugen kann, sind *Wissens- oder Expertenevents.*

Warum? Weil Sie dort per definitionem auf der Bühne ausgewiesene, idealerweise unternehmensexterne Experten zu einem Thema haben, die hoffentlich interessant und begeisternd sind. Der Experte sollte nicht nur fachlich kompetent sein – das versteht sich von selbst –, sondern auch ein hervorragender Speaker. Aus Ihrer Sicht geht es schließlich nicht nur darum, die Zuhörer fortzubilden; was Sie wollen, ist ein Verkauf. Die Kunst besteht deshalb darin, die Veranstaltung inhaltlich und dramaturgisch so zu konzeptionieren, dass die Teilnehmer am Ende einen Bedarf (wieder-)entdecken und jetzt nach einer Lösung des Problems, also nach einer Möglichkeit der Bedarfsdeckung, suchen. Und sie finden einen vertrauenswürdigen Anbieter unmittelbar vor sich im Vortragssaal: den Veranstalter.

Die Expertise, die Sie in Form des Speakers eingekauft haben, schreiben die Zuhörer Ihnen zu. Das schafft Vertrauen, häufig noch verbunden mit einem Gefühl der Dankbarkeit. Einen schönen Nebeneffekt gibt es auch noch: Sie können nicht nur Ihre Kunden, sondern auch Ihre eigenen Mitarbeiter zu der Veranstaltung einladen und sie auf diese Weise weiterbilden.

Erfolgsregel Nummer 2: Legen Sie für das einzelne Eventprojekt klare Ziele und Messkriterien fest.

Wenn Sie gefragt werden, ob Ihr letztes Event die Ziele erreicht hat, sollten Sie idealerweise ganz konkret antworten können, zum Beispiel so: 72,3 Prozent der Teilnehmer haben sich die vor Ort ausgestellten Produkte und Dienstleistungen angeschaut; 33,4 Prozent der Teilnehmer haben das preisermäßigte Paketangebot vor Ort gekauft; mit 40,7 Prozent der Teilnehmer wurde ein weiterer Gesprächstermin vereinbart; 56,4 Prozent buchten das vierwöchige Probeabonnement unseres Kooperationspartners, der Zeitung XYZ, usw.

Definieren Sie Ihre Eventziele möglichst in messbaren Größen. Sie können dabei drei Kategorien bilden:

- **Kontakte:** Welche Zielgruppe wollen Sie adressieren, wen wollen Sie erreichen, wie viele Personen sollen teilnehmen?
- **Primär nichtmonetäre Ziele:** Wie viele One-to-one-Gespräche mit Verkaufsrepräsentanten soll das Event vor Ort ermöglichen? Inwiefern soll das Event auch von Nichtteilnehmern wahrgenommen werden? Welchen Beitrag soll das Event auf die Marke haben (quantifizierbar etwa durch die Anzahl von Veröffentlichungen in Medien)?
- **Monetäre Ziele:** Was ist das maximale Budget für das Event, wie viel Umsatz und Deckungsbeitrag soll das Event kurz-, mittel- und langfristig generieren, wie viel Stück von Produkt X sollen vor Ort und im Nachgang verkauft werden …

Wie bereits erwähnt, sollte Ihr Wissensevent so konzeptioniert sein, dass es den Bedarf an den von Ihnen angebotenen Produkten erhöht. Holen Sie sich gegebenenfalls Unterstützung von einem Eventprofi, um die gesteckten Ziele zu erreichen und den Erfolg sinnvoll messen zu können. Vielleicht können Sie die Kosten dafür bei Ihren Kunden direkt reinholen: Wenn Wissensevents professionell gemacht sind, können sie teilweise sogar verkauft werden. Das bedeutet, dass die Teilnehmer – also Ihre Kunden – für die Teilnahme zahlen, denn sie lernen und haben daraus schon Nutzen. Das Event kann dann zum Beispiel ein Kongress sein. Und für Sie bedeutet das: bezahltes Marketing mit Umsatzgarantie.

Erfolgsregel Nummer 3: Entwickeln Sie ein Umsatztheater!

Schauen Sie sich einmal an, wie an einem Theaterstück gearbeitet wird, bevor es zu einer Aufführung kommt: Da wird bis ins letzte Detail alles aufwendig vorbereitet, durchdacht, überprüft, geprobt, noch mal geprobt, bis auch das Heben der rechten Augenbraue eines Nebendarstellers perfekt sitzt und dem Publikum die gewünschte Reaktion abfordert. Das dauert oft Wochen und Monate. Die Entwicklung eines Eventkonzepts darf auch ruhig mehr als ein paar Tage dauern!

Und so wie im Theater professionelle Autoren, Regisseure, Bühnenbildner, Maskenbildner, Techniker u. v. m. zusammenarbeiten, um eine erfolgreiche Aufführung zu bekommen, können Sie auch für Events spezialisierte Profis engagieren. Bei Speakerevents sind übrigens die Speaker konzeptionell wertvolle Inputgeber.

Viel zu viele Speakerevents laufen allerdings so ab:

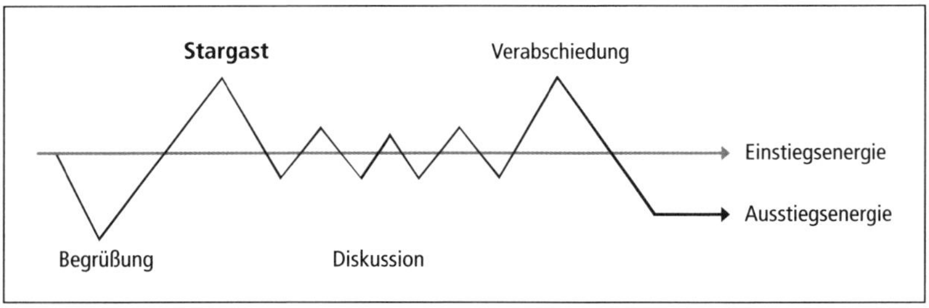

Der Veranstalter oder der Moderator kommt auf die Bühne und begrüßt das Publikum mit »Schön, dass Sie da sind«. Dann folgt eventuell ein erstes kleines oder großes Highlight durch den Auftritt eines Speakers. Dem schließt sich eine mal mehr, mal weniger spannende Podiumsdiskussion an, gefolgt von Fragen aus dem Publikum. Danach steht ein kleines Highlight durch den Moderator, einen Humoristen oder anderen Gast an; und am Ende kommt die Abschiedsfloskel »Schön, dass Sie da waren«. Allzu selten aber gehen die Teilnehmer bei solchen Standardevents mit einem höheren Energielevel nach Hause.

Gestalten Sie Ihr Expertenevent lieber so:

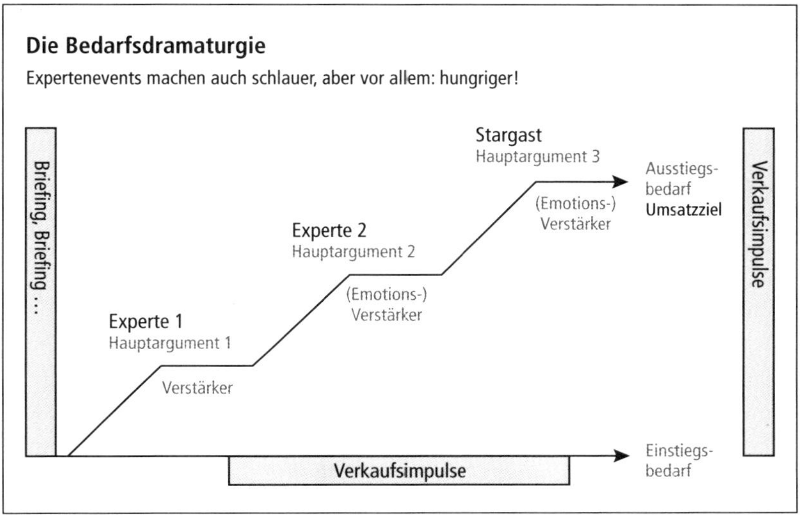

Zwei bis drei Wochen vor dem Event briefen Sie Moderator und Experten so, dass jeder an Ihren Zielen so weit es geht mitarbeitet. Dies wiederholen Sie am Vorabend oder am Tag des Events. Gehen Sie ins Detail und fordern Sie von allen Beteiligten Engagement und Einsatz. Kein Speaker wird Sie auf der Bühne über den grünen Klee loben, da ist um der Seriosität willen schon etwas Neutralität geboten. Aber er kann mit Ihnen entscheiden, welche seiner Botschaften betont werden sollen und welche in Ihrem Kontext ganz verzichtbar sind, um bei Ihrem Publikum den gewünschten Bedarf für Ihre Angebote zu erzeugen. Weihen Sie die Speaker in Ihre Ziele ein, da geht vielleicht mehr, als Sie denken …

Ein professioneller Moderator betritt die Bühne und steigert die Neugier der Teilnehmer, die ja ohnehin schon gespannt sind, noch weiter. Jeder Experte ist so ausgewählt, dass er mit seinen Inhalten – nicht mit Werbebotschaften – die Einstellung der Teilnehmer zum Positiven verändert, dass die Teilnehmer die Relevanz des Themas für sich erkennen. Die Themen sind so ausgewählt und aufeinander abgestimmt, dass die Teilnehmer offen werden für den Bedarf, den Ihre Angebote decken.

Beispiel

Ein Beispiel: Eine Bank will mit einem Event neue Immobilien-Finanzierungskonzepte verkaufen. Die Veranstaltung dazu könnte zum Beispiel »Fit für die Zukunft« oder »Im gesellschaftlichen Wandel gewinnen« heißen. Zuerst spricht vielleicht ein Zukunfts- oder Trendexperte über die Entwicklung der Wirtschaft und Gesellschaft in den nächsten zehn Jahren. Der Tenor seiner Rede: Nichts ist beständig, alles ändert sich immer schneller. Eventuell, aber nicht zwingend erwähnt er nebenbei, dass Immobilien immer beständig waren. Danach spricht ein Extremsportler über das Thema Risikomanagement und Lebensmanagement, Sinn des Lebens, etwas im Leben schaffen und hinterlassen – mit dem Tenor: Aktien sind flüchtig, Immobilien sind beständig. Der dritte Experte spricht vielleicht über die gerade noch überlebte Finanzkrise, nicht im Detail, im Allgemeinen. Wer aus so einem Event rausgeht und eine einfache, attraktive und günstige Immobilienfinanzierung mit Steuermodell angeboten bekommt, womöglich noch mit Unterstützung bei der Immobiliensuche, kann doch kaum widerstehen.

Übrigens: Wer als Eventveranstalter die Kosten für die Veranstaltung übernimmt, darf auch vor Ort etwas anbieten. Vor-Ort-Angebote, also Kaufanreize sollten dabei immer dezent und intelligent präsentiert werden, aber Aufmerksamkeit erregen. Bereiten Sie das Angebot immer speziell für die Zielgruppe und die Eventinhalte auf. Und: Weniger ist mehr: Kunden, die aus zu vielen Angeboten etwas auswählen müssen, können sich häufig gar nicht entscheiden. Ideal ist *ein* Eventkonzept für *ein* Produkt oder *eine* Produktkategorie, dann lässt sich Umsatz noch besser mit dem Event in Verbindung bringen und messen.

Tipp!

Was sind nun geeignete Methoden, um vor Ort etwas anzubieten?

- Stand mit Personal
- Flyer auf Tischen und Stühlen
- Bühnenpräsentationen – kurz und prägnant
- Experteninseln, besetzt mit Produktexperten
- Points of Sale vor Ort mit entsprechenden (Upselling-)Angeboten
- Feedback- und Thementische für die Teilnehmer
- Produkt-Erlebniswelten, beispielsweise Probierstände oder Produktkinos

- Gewinnspiele und Tombolas
- Give-aways, insbesondere als Anlass zur nachträglichen Kontaktaufnahme

Professionelle Theaterinszenierungen werden übrigens nicht nur einmal dargeboten; das Stück steht vielmehr für eine ganze Weile auf dem Spielplan. Der Aufwand für die komplexe Vorbereitung würde sich sonst einfach nicht lohnen. Dasselbe gilt für professionelle und aufwendige Events. Ein Einzelevent generiert keine Fangemeinde und nur wenige Empfehlungen.

Beispiel

AIDA Night of the Proms (früher: Nokia Night of the Proms) findet als Konzertreihe jedes Jahr im Dezember mit Dutzenden von Konzerten statt. Die Termine stehen schon früh im Jahr fest, die Top-Acts nicht. Obwohl das genaue Programm noch gar nicht feststeht, werden weit im Vorfeld schon Tausende von Karten verkauft. Die Konzertbesucher kaufen also das Konzept, nicht den einzelnen Künstler. Das können Sie mit Ihrem Speakerevent auch und generieren so ohne großen Aufwand jedes Jahr hohe Teilnehmerzahlen und feste Umsätze.

Tipp!

Die Grundsätze, die Sie daraus für Ihr Eventmarketing mit Speaker- bzw. Wissensevents übernehmen sollten, sind:

- Konzipieren Sie ein zielgruppen- und marktgerechtes Speakerevent-Konzept, das rockt und regelmäßig stattfindet, zum Beispiel immer am ersten Donnerstag im Mai, sodass es irgendwann schon Tradition ist. Jeweils mit ähnlicher Dramaturgie, aber unterschiedlich besetzt.
- Denken Sie eher groß statt klein. Wenn Ihre Kunden sich darauf verlassen können, dass bei dem Event stets herausragende Experten und Topspeaker auftreten, werden sie den Termin weit im Voraus in ihrem Kalender reservieren.
- Holen Sie sich über das Kooperationsmarketing Partner ins Boot, die durch ihre tollen Marken das Angebot aufwerten, sponsern oder es vermarkten helfen.
- Kommunizieren Sie das Event über alle Kanäle an Ihre Zielgruppen, damit es am Ende auch ausgebucht ist. Sie dürfen für ein solches Marketingevent Geld von Ihren Kunden verlangen, müssen es eigentlich sogar, damit ihm auch ein entsprechender Wert bei-

gemessen wird. Ungeachtet dessen können Sie einzelnen Personen Freikarten zukommen lassen.

Sie denken jetzt vielleicht, dass diese Konzepterstellung, die Speakerhonorare und die Eventvermarktung viel Geld kosten und Sie sich das gar nicht leisten können. Ja, Topspeaker kosten Geld; das Honorar ist oft fünfstellig. Doch es gibt Hoffnung:

- … wenn Sie diesen Speakern ein großes und zahlungskräftiges (Entscheider-)Publikum bieten, das den Speaker gegebenenfalls später selbst bucht,
- … wenn Sie den Speakern Medienpräsenz verschaffen,
- … wenn Sie ihnen die Möglichkeit geben, ihre Passivprodukte wie Bücher, Hörbücher oder Videos zu verkaufen,
- … wenn Sie eine ganze Reihe von Events veranstalten und Pakete einkaufen.

Dann sind Speaker schon bereit – auch viele gute und bekannte –, im Honorar Zugeständnisse zu machen, teilweise runter bis auf null. Denn am Ende will der Speaker auch wieder verkaufen: sich und seine Angebote. Wenn Sie ihm mit Ihrem Event dabei helfen, können Sie eine Win-win-Situation daraus machen, also kooperieren. Wunderbar. Hier können Sie erfahrungsgemäß auch wieder mehr erreichen, wenn Sie spezialisierte Agenturen einschalten, da diese zu den Anbietern, zu Hotels, Technikfirmen usw. meist sehr gute Kontakte pflegen und dementsprechend ein höheres Business-Volumen mit den Experten haben.

Erfolgsregel Nummer 4: Eventmarketing beginnt spätestens nach dem Event.

Kunden sind in der Kaufentscheidung tendenziell träge und entscheiden trotz Bedarf und Vertrauen manchmal einfach auch nicht. Das ist okay – keiner muss während des Events kaufen. Aber Bedarf und Vertrauen sind leider flüchtig, dasselbe gilt für die Erinnerung. Deshalb gehört es zu einem professionellen Eventkonzept dazu, einen zeitnahen weiteren Kontakt mit dem Teilnehmer zu planen. Die Möglichkeiten sind dabei so vielfältig wie die Eventkonzepte. Das fängt beim

Feedbackbogen, der auch nach Empfehlungen fragt, an und hört nirgendwo auf.

Bei der Herstellung des Folgekontakts lassen sich zwei grundsätzliche Formen unterscheiden: Entweder meldet sich der Kunde oder es meldet sich der Anbieter.

Im ersten Fall bekommen die Eventteilnehmer Material – etwa eine Warenprobe mit einem speziellen Angebot und einer Rückrufkarte – mit nach Hause, das sie dann daran erinnert, mit dem Unternehmen in Kontakt zu treten und eine Bestellung aufzugeben. Bei dieser Form müssen Ihre Mitarbeiter auf Inbound-Calls vorbereitet sein.

Im zweiten Fall melden Sie als Veranstalter sich bei den Teilnehmern und machen ihnen ein konkretes Angebot. Je individueller dies auf den Teilnehmer zugeschnitten ist, umso besser. Für diese Outbound-Calls, E-Mails oder Mailings benötigen Ihre Mitarbeiter eventbezogene Hilfsmittel. Verschicken lassen sich zum Beispiel PowerPoint-Slides des Referenten, ein signiertes Buch des Experten oder eine Zusammenfassung der wichtigsten Thesen. Eine andere Idee ist eine Mini-Umfrage unter den Teilnehmern. Die einfachste Kommunikationsstrategie, die aber erstaunliche Umsatzergebnisse bringt, ist ein banales telefonisches Nachhaken: »Schön, dass Sie zu unserem Vortrag kommen konnten. Wie fanden Sie es denn? Was war Ihr Highlight?« Das Gespräch danach läuft sehr häufig – gelenkt oder nicht – auf ein Verkaufsgespräch hinaus.

Es kommt beim Nachfassen im Übrigen nicht so sehr auf die Reihenfolge an. Sie können nach dem Event erst anrufen, dann ein konkretes Angebot senden und danach erneut telefonisch nachfassen, um den Abschluss zu machen. Oder Sie entscheiden sich für Mail–Call–Mail, je nach Situation.

Wertvolle Hinweise fürs Nachfassen bekommen Sie, indem Sie die Teilnehmer während des Events beobachten und viel mit ihnen kommunizieren. Dabei können Sie sich ein konkretes Bild von deren Interessen machen, aber zum Beispiel auch von ihrem Networking. Darüber hinaus helfen Ihnen diese Beobachtungen dabei, Ihr nächstes Event noch zielorientierter zu planen. Achten Sie insbesondere auf emotionale Momente, denn Emotionen sind der Turbo zum Bedarf und damit zur Kaufentscheidung.

Zusammengefasst: Intelligente Events bringen Kunden und Umsatz, wenn sie

- **originell sind,**
- **den Bedarf für die Produkte und Dienstleistungen wecken,**
- **emotionalisieren und gleichzeitig Nutzen bieten,**
- **Teil eines Gesamtkonzepts sind und keine isolierten Veranstaltungen,**
- **infolgedessen eine Fangemeinde bekommen und von den Teilnehmern weiterempfohlen werden,**
- **durch ein intelligentes Nachfassen verstärkt werden,**
- **eventuell sogar das Prestigebedürfnis der Teilnehmer ansprechen,**
- **gegebenenfalls »top & exklusiv« sind.**

Vielleicht sind Sie jetzt fest entschlossen, Eventmarketing in Ihren Bierdeckel-Businessplan aufzunehmen. Dann möchten Sie nun sicher wissen, wie Sie Teilnehmer für Ihr Event gewinnen und wie Sie dieses erfolgreich durchführen.

Teilnehmer gewinnen: Stell dir vor, es ist »Event« – und jeder will hin ...

Beispiel

Vor Kurzem wollte ich mir Karten für ein Konzert von Pink kaufen, das rund ein halbes Jahr später stattfinden sollte. Der Ticket-Verkäufer lächelte mich nur mitleidig an: Das Konzert war längst ausverkauft! Ich wusste sofort: Der Veranstalter musste für dieses Event nahezu keine Promotion machen, vielleicht reichte sogar nur eine Pressemeldung. Da bestätigte sich für mich erneut, dass für die Vermarktung von Expertenevents vor allem eins zählt: dass Sie einen Topspeaker haben. Der kostet vermutlich mehr Honorar als ein weniger bekannter Redner, reduziert aber bei den Zielgruppen die Marketinginvestitionen. Je unbekannter die Namen, desto mehr Marketing ist notwendig. Manche Speaker bekommen nur deswegen fünfstellige Honorare, weil sie durch ihre Bekanntheit den Saal füllen ...

Ebenso wichtig für die erfolgreiche Teilnehmergewinnung sind vertrauensbildende Maßnahmen. Ein Kunde, der eine Einladung zu einem (Experten-)Event auf seinen Schreibtisch bekommt, hat vermutlich wenig Zeit. Vielleicht müsste er für Ihr Event sogar einen Termin verlegen. Wann tut er das? Nur dann, wenn ein Event – und zwar Konzept und Verpackung – Vertrauen erweckt, neugierig macht und seriös und professionell wirkt. Kurz: Wenn viele Kontakte mit der Eventreihe oder dem Veranstalter einen »magic moment« auslösen. Zur Verpackung gehört auch der entsprechende Text der Einladung. Eine professionelle, seriöse Verpackung ist die Eintrittskarte, um mitspielen zu dürfen. Sie muss den Betrachter zum Weiterlesen animieren. Seine Entscheidung, ob er teilnimmt, hängt wesentlich vom Text ab. Achten Sie deshalb auf folgende Basics: neugierig machende Headline, einfache Sprache, roter Faden, nutzenorientierte Schreibweise und zielgerichteter Appell zur Anmeldung.

Wenn das alles stimmt, fehlt eigentlich nur noch eins: trommeln, trommeln, trommeln. Netzwerken, kooperieren, online kommunizieren, Öffentlichkeitsarbeit betreiben usw. Die gesamte Palette des einfachen Marketings funktioniert natürlich für Events genauso wie für alle anderen Produkte.

Erfolgreiche Durchführung: Gute Events erkennt man an glücklichen Gesichtern!

Baustein 1: Das Personal. Die Menschen vor Ort bestimmen die Atmosphäre ganz wesentlich mit. Die meisten Teilnehmer beurteilen ein unterdurchschnittliches Event trotzdem gut, wenn das anwesende Personal – die Mitarbeiter vom Veranstalter wie auch die von der Location – auf höchstem Niveau, freundlich, humorvoll und zielgruppenadäquat gearbeitet hat. Wenn eine persönliche Beziehung zwischen Personal und Teilnehmer entstanden ist.

Das ist auch bei größeren Veranstaltungen möglich, sofern zwei Bedingungen erfüllt sind:

- Das Personal muss frühzeitig darüber informiert werden, welche Teilnehmer kommen, das heißt, in welcher Branche und in welcher Funktion sie arbeiten und wie ihre Erwartungen aussehen.

- Das Personal muss auf die Veranstaltung vorbereitet werden. Inhalt, Ziel und Ablauf sollten allen Mitarbeitern bis ins Detail klar sein, insbesondere die Marketingziele und -strategien rund um das Event.

Ganz wichtig ist auch, dass Sie genug Personal vor Ort haben. Planen Sie in jedem Fall etwas mehr Ressourcen ein, als Sie zunächst für erforderlich halten. Die Erfahrung hat einfach gezeigt, dass solche Reserven häufig benötigt werden.

Und natürlich liegt einer der wesentlichsten Erfolgsfaktoren in der Auswahl des Personals. Schulen Sie Ihr Personal in Bezug auf Event- und Teilnehmerbetreuung und / oder vertrauen Sie hier professionellen Agenturen. Das Kernstück jeder guten Eventvorbereitung bilden zwei Checklisten: eine universelle, immer gültige Checkliste sowie eine speziell auf das einzelne Event zugeschnittene Checkliste. Eine kostenlose Muster-Checkliste finden Sie im Anhang dieses Buches auf Seite 197 sowie jeweils aktualisiert auf www.experts4events.com/ausverkauft.

Baustein 2: Die Location. Wer heute Entscheider zu einem Event locken möchte, braucht zusätzlich zum attraktiven Eventkonzept eine Räumlichkeit, die neugierig macht. Wählen Sie Orte, die der »durchschnittliche« Geschäftsreisende nicht täglich sieht. Orte, wo sich normalerweise die Promis bewegen. Orte, wo Kinopremieren laufen und rote Teppiche üblich sind. Der Tagungsraum eines Hotels der gehobenen Mittelklasse jedenfalls gehört nicht zu den Locations, die Neugier wecken. Wenn Sie sich für ein Hotel entscheiden, sollten Sie auf extravagante Hotels setzen. Auch Flugzeuge, Busse oder Schiffe können sehr gute Eventlocations sein. Hauptsache anders und attraktiv.

Sie sollten bei den Verhandlungen mit den Betreibern der Locations immer einen Eventprofi hinzuziehen, da Agenturen Risiken besser erkennen, viel mehr Flexibilität im Vertrag erreichen können und meist bessere Konditionen erzielen als Sie als Einzelkunde. Und Agenturen können Ihnen eine gute Event-Ausfallversicherung vermitteln, was bei großen Veranstaltungen sehr sinnvoll sein kann.

Baustein 3: Die Begrüßung. Sie bekommen nie eine zweite Chance, um einen guten ersten Eindruck zu hinterlassen. Das gilt auch bei Eventstarts. Immer mehr Teilnehmer von Eventmarketing-Veranstaltungen kommen in der letzten Minute mit dem Handy am Ohr und völlig gestresst an. Zusätzlichen Anreisestress können Sie verhindern, indem Sie den Teilnehmern detaillierte und für jeden verständliche Anfahrtsinfos zukommen lassen – für die Strecke bis vor die Tür. Dort oder spätestens beim Check-in muss der Teilnehmer merken, dass er jetzt in eine andere, unglaublich interessante Welt eintaucht. Das Event muss höchste Priorität bekommen.

Beispiel

Das erreichen Sie als Veranstalter durch sympathisches, herzliches Personal am Begrüßungs-Counter und durch die ersten kleinen Überraschungen beim Check-in. Zum Beispiel durch einen roten Teppich zum Check-in, durch eine Cocktail-Begrüßung mit Handshake durch Sie als Firmenchef und Einladender, durch Give-aways passend zum Veranstaltungsthema, durch Mitarbeiter, die einem das Auto parken, und Hostessen, die einen auf dem Weg zum Check-in begleiten. Die Handouts sollten diese Einstimmung auf die Veranstaltung genauso unterstützen wie der Begrüßungskaffee oder -tee und die Raumgestaltung. Disney Institute beklebt beispielsweise den Boden vom Haupteingang des Hotels bis zum Check-in mit gelben Mickey-Mouse-Fußabdrücken, schmückt den Raum mit gasgefüllten Mickey-Ballons, im Raum läuft Disney-Musical-Musik u. v. m. – eine ideale Begrüßung zu einem einzigartigen Event.

Baustein 4: Der Ablauf. Der Schlüsselbegriff lautet hier »Orientierung«. Bei guten Speakerevents werden die Teilnehmer minütlich mit neuen Anregungen, Impulsen und Ideen versorgt. Ihre Gäste sollten stets einen Ansprechpartner finden können, der für ihre individuellen Belange Zeit hat. Der Moderator des Events sollte den Teilnehmern stets Orientierung geben, genauso wie TV-Screens im Foyer oder vorab zugesandte bzw. verteilte Infoblätter zu Event und Location. Besetzen Sie den Check-in die ganze Zeit, sodass er zur Anlaufstelle für alle Fragen werden kann. Geben Sie den Teilnehmern so locationnah wie möglich alles, was sie brauchen.

Vor jedem Event, das experts4events betreut, versetzt sich das ganze Eventteam in die Lage der Teilnehmer und brainstormt im Konferenzraum, was die Zielgruppe benötigen könnte. So entwickeln wir die »kleinen« Überraschungen, mit denen kein Teilnehmer rechnet, die aber begeistern. Also zum Beispiel der Marshmallow-Tischgrill beim Check-in zu einem Event mit amerikanischem Thema. Oder der Schutzputzservice im Wildwest-Style im Foyer des Veranstaltungssaals.

Und wie erwähnt, gehören zu jedem guten Eventmarketing-Investment die entsprechenden Points of Sale. Wer es dezent möchte, sollte die Bühne nur ganz bedingt zum direkten Point of Sale machen, aber auch hier gibt es je nach Speakerthema oder -konzept gute Modelle, die bedarfsorientiert ins Programm eingewoben werden können.

Baustein 5: Das Finale und der Abschied. Was wir am Ende der Veranstaltung sehen wollen, sind die glücklichen Gesichter der Teilnehmer! Teilnehmer, die nicht nach Hause wollen, sondern das Netzwerkangebot am Ende jedes Events gerne nutzen, weil nicht nur Häppchen und Sekt angeboten werden, sondern vielleicht der Speaker noch für persönliche Rückfragen bereit steht. Teilnehmer, die idealerweise aufgrund des geschaffenen Bedarfs nach Angeboten im Foyer des Veranstaltungssaals suchen. Die Tombola am Schluss ist Schnee von gestern, da muss schon noch eins draufgesetzt werden, wenn der Abschied zum Highlight werden soll.

Beispiel

Vor einiger Zeit war ich auf einem Event, bei dem am Ende ein »Pepper-Testing« durchgeführt wurde. Der Speaker hielt auf dem Event einen motivatorischen Vortrag nach dem Motto: »Add pepper to your life!« Er bereicherte die Veranstaltung zum Abschluss mit viel Wissen rund um den Pfeffer – das war einfach sein Hobby. Man konnte Erdbeeren mit Pfeffer, Käse mit Pfeffer u. v. m. probieren. Bei Musik, gutem Wein und guten Gesprächen. Da denke ich heute noch gern dran – und es kommen mir viele andere Elemente dieser Veranstaltung in den Sinn. Vor allem habe ich dort viel Geld gelassen.

Es sollte nicht passieren, dass die Teilnehmer nach Events am liebsten flüchten. Wenn Sie sich für das dreißigminütige Come-Together danach noch einige Zuckerl einfallen lassen, etwa ein persönliches Bild mit dem Experten, dann können Sie und Ihr Team auch nach dem Event noch tolle (vorbereitete!) Gespräche führen, bei denen Umsatz entsteht.

Onlinemarketing

Als Einstimmung eine Zukunftsszenerie, die im *Spiegel* (Ausgabe 2/2010) erschienen ist: »Eine Kollegin hat Geburtstag. Wir planen für sie eine spontane Überraschungsparty. Mit meinem Handy, dem Google Nexus One, haben wir über Google Latitude unsere Freunde geortet. Wer gerade in der Nähe ist, soll vorbeikommen. Einige machen sich auf den Weg. Gibt es irgendwo auf dem Weg einen Blumenladen? Google Maps kennt einen. Viele Klingelschilder, viele Namen – nur den unserer Kollegin finden wir nicht. Schnell wird mit dem Handy das Haus fotografiert. Google erkennt es und nennt uns Bewohner, und schon taucht der Name unseres Geburtstagskinds auf: Sie wohnt im dritten Stock bei Meier. Sobald jemand oben an der Haustür klingelt, erfasst eine kleine Webcam das Gesicht. Google erkennt die Person und schickt dem Gastgeber den Namen auf sein Handy. Wer eingeladen wurde, darf reinkommen. Später ist ein Fremder an der Tür. Google sagt uns, wer das sein könnte: Ein Germanistik-Student, der seit drei Tagen bei einem Pizzaservice in der Nähe arbeitet. Die Informationen hat Google aus dessen Tweets und Google-Blogs gefiltert – stimmt, wir hatten ja Pizza geordert!«

So oder so ähnlich leben wir schon. Sie nicht? Bald? Googles Umsatz betrug 2008 21,8 Milliarden US-Dollar, davon waren 97 Prozent Werbeumsätze. Im Juli 2009 wurden 76,7 Milliarden Suchanfragen bei Google gestartet. Weltweit wurden im Juli 2009 145 Milliarden Minuten auf Google-Seiten verbracht. Googles Server haben eine geschätzte Speicherkapazität von 100 Millionen Gigabyte. Die genaue Datenmenge, die Google über seine Nutzer speichert, ist nicht bekannt. Und das sind schon wieder alte Zahlen und Google ist nur eine Suchmaschine.

Wir leben in einer verrückten Zeit. Was können wir nicht alles vom Schreibtisch aus auf der ganzen Welt erledigen. Wenn wir wüssten, was wir sonst noch alles könnten, würden wir sicher staunen. Hundert Apps auf dem iPhone, wovon wir wie viel wirklich nutzen? Da und dort und hier und da sollen wir überall im Netz mit dabei sein. Profile auf vielen Dutzend Plattformen pflegen, nicht wenige davon sind Social-Media-Plattformen. *Focus-Money* überschrieb im Februar 2011 einen Artikel über Facebook mit der Überschrift: »Wer nicht drin ist, existiert nicht!«. In Asien spricht man bereits von der »e-soul«, also von einem Verschmelzen von Mensch und Technik.

Ist das Internet Fluch oder Segen? Momentan noch mehr Segen als Fluch, aber wer weiß, wie es unsere Gesellschaft in zwanzig Jahren verändert haben wird. Bislang hat sich die »reale« Welt in Politik, Gesellschaft und Wirtschaft noch nicht komplett auf diese neue Welt eingelassen. Oder anders: Die Entwicklung des Internets ist den Menschen und Systemen des frühen 21. Jahrhunderts immer (mehr) voraus. Menschen leiden an Internet- oder Spielsucht, Kinder und manche Erwachsene müssen vor unzähligen gewalttätigen, pornografischen oder ähnlichen Seiten geschützt werden, die Terror-Netzwerke kommunizieren und organisieren sich über das Netz, Wikileaks tabuisiert den Begriff »Top Secret«, und im Marketing eröffnen sich jeden Tag so viele Möglichkeiten, dass es einen schwindlig werden lässt.

Hatte man vor zehn Jahren noch so einigermaßen den Überblick über den Marketing-Werkzeugkasten, so ist er heute durch die Onlinewelt unüberschaubar geworden. Doch nicht nur das, es gibt neben der Unüberschaubarkeit noch einen ganz entscheidenden Unterschied:

Früher waren Sie und einige Journalisten, Verlage usw. diejenigen, die über Sie und Ihr Angebot und Tun öffentlich kommuniziert haben. Regisseur dessen, was über Sie bekannt wurde, waren größtenteils Sie als Anbieter. Jetzt kann sich in Millionen von Blogs und auf Milliarden von Websites einfach jeder über Sie auslassen: im Positiven und im Negativen.

Jeder auf der Welt kann diese Informationen oder Meinungen jederzeit und für immer abrufen. Die Suchmaschinen machen den Rest.

You better be good, every moment! Sonst wird über Ihre Fehler diskutiert. Je bekannter Sie sind, umso schneller und mehr. Das passt also sehr in die Philosophie der 4e-Marketingstrategie, die auf einem absolut begeisternden Produktsystem basiert, entsprechend kombiniert mit einem begeisternden Kundenservice.

You better join! Sonst fährt der Zug ohne Sie ab. Nur derjenige, der mitmacht, kann den Nutzen des Internets für sein Marketing stärken und die negativen Seiten dieses Tools minimieren. In diesem Buch konzentriere ich mich auf die Chancen des Internets für Ihr Marketing, wobei ich mich aber dennoch frage, ob die mit Facebook, Wikileaks & Co. eingeläutete unendliche Transparenz im Netz nicht mehr Probleme außerhalb des Netzes aufwirft, als wir uns jetzt vorstellen können.

Also: Steigen Sie in den Zug ein. In jedem Waggon Platz nehmen können Sie allerdings nicht. Verabschieden Sie sich von der Vorstellung, dass Sie als Experte für Marketing überall im Internet mitmachen können, selbst wenn Sie sollten.

Das ginge vielleicht noch einigermaßen, wenn Sie Ihre Ressourcen komplett auf das Onlinemarketing konzentrieren. Aber dann würden Sie ja auf die Ergebnisse aus all den anderen Handlungsräumen des House of Easy Marketing verzichten. Es gibt Marketingkonzepte, die das Internet über alle anderen möglichen Maßnahmen stellen. Da werden die Websites als fleißige 24-Stunden-Vertriebsmitarbeiterin betrachtet, Facebook wird als der Mittelpunkt des Lebens hochstilisiert. Manche können ohne Handy mit Datenflat gar nicht mehr leben und twittern auch, welchen Kaffee sie gerade an welchem See trinken. Andererseits sollten Sie das Internet nicht ignorieren; es ist eben nicht nur ein Spielzeug der Jungen.

Nein, Sie müssen nicht in Facebook aktiv sein. Sie müssen nicht twittern. Xing und LinkedIn entscheiden auch nicht über Ihren Erfolg. Aber Sie sollten diese Möglichkeiten zumindest sehr sorgfältig prüfen. Sie können dort mitmachen, wenn Sie wollen und es Sie Ihren Zielen näher bringt. Wo liegt die Wahrheit? Ganz einfach: Das Internet ist nichts anderes als ein weiterer möglicher Kommunikationskanal zum Kunden. Und: Vom Kunden zu uns. Wenn dieser Kommunikationskanal zum Kunden und zu mehr Umsatz führt, nutzen Sie ihn. Aber nur dann. Twittern zum Spaß und ohne erkennbare Umsatzwirkung lenkt vom Wesentlichen ab.

Das Internet ist also einer von mehreren möglichen Kanälen – aber es ist schon ein besonderer. Was das Onlinemarketing auszeichnet, ist die potenzielle Verbreitung, der potenziell riesige Adressatenkreis.

Die Grundprinzipien des Marketings gelten aber auch online: Sie benötigen ein attraktives, werthaltiges Produktsystem, das außergewöhnlich ist und Vertrauen in das Lösungspotenzial Ihres Angebots schafft. Sie müssen professionell aufgestellt und positioniert sein. Erst dann kann das Internet seinen mittel- bis langfristig stabilen Erfolgsbeitrag leisten. Vielleicht ist es dann sogar noch etwas effizienter als alle anderen Handlungsräume im House of Easy Marketing. Vielleicht.

Und was die Kommunikation im Netz betrifft, greifen wir doch wieder auf dieselben Prinzipien wie beim Offlinemarketing zurück: Onlinemarketing lebt

- vom Dialogmarketing, etwa vom E-Mail-Marketing oder SMS-Marketing,
- vom Netzwerkmarketing, zum Beispiel über Xing, LinkedIn oder Facebook,
- vom Kooperationsmarketing, etwa indem Betreiber von Onlinecommunitys mit Ihnen als Anbieter marketingbezogen zusammenarbeiten,
- vom Eventmarketing, beispielsweise in Form von Video-Events und Webinaren,
- vom Presse-Beziehungs-Management, das über Presseportale gesteuert wird; wer im Netz präsent ist, wird eher zu TV- und Radio-Talks, zu Podiumsdiskussionen oder redaktionellen Interviews eingeladen,
- vom Customer-Relationship-Management und Empfehlungsmarketing, das über die im Internet möglichen Produktbewertungen allerdings ganz andere Dimensionen erreicht.

Ja, wer offline gut ist, kann von einer professionellen Onlinepräsenz richtig profitieren. Wer aber offline Probleme hat, sollte sehr gut prüfen, ob er nicht zunächst an diesen arbeitet, bevor er auf Onlinemarketing setzt. Andernfalls besteht die Gefahr, dass vor allem seine Unzulänglichkeiten und Probleme verstärkte Aufmerksamkeit finden …

Was Sie in jedem Fall tun müssen: Sie müssen auswerten, was im Internet über Sie und Ihre Angebote kommuniziert wird.

Bedenken Sie auch, dass Ihre Zielgruppe mehr und mehr über das Internet ansprechbar ist. Und zwar gut und einfach. Das beschränkt sich keineswegs mehr auf die junge Generation unter dreißig, sondern gilt auch für die interessante und wachsende Gruppe der Best Agers.

Worin besteht also die Kunst beim Onlinemarketing? Sie müssen die richtige Portion Onlinemarketing für Ihren Bierdeckel-Businessplan finden, die Ihnen, Ihrem Angebot und Ihrer Zielgruppe entspricht. Softwarehersteller wählen hier vielleicht siebzig Prozent Onlinemarketing-Maßnahmen, Trainer fünfzig Prozent, Flugzeughersteller zwanzig Prozent.

Achten Sie auch auf die Verzahnung von Online- und Offlinemarketing, um Synergieeffekte zu nutzen. Im Event- und Seminargeschäft können Sie das Internet im Vorfeld für den Aufbau von Spannung nutzen. Während der Veranstaltung können Sie Social Media Walls anbieten, zum Beispiel eine Twitter-Wall, also eine Projektion der Twitter-Botschaften, die zu dieser Veranstaltung von den Teilnehmern veröffentlicht wurden. Und nach dem Event stellen Sie eine Social-Media-Summary ins Netz und fragen die Teilnehmer nach ihrer Einschätzung, nach neuen Erkenntnissen und danach, was sie daraus gemacht haben. Oder Sie veröffentlichen die Präsentationsfolien auf Slideshare.net, twittern live aus ihrem Vortrag durch vorterminierte Tweets in Twitter, gestalten Teile Ihrer Veranstaltung nach dem Muster der »BarCamps«, bei denen die Teilnehmer die Inhalte des Events durch Onlinelisten bzw. Onlineforen selbst zusammenstellen.

Was bedeutet das für Ihre 4e-Marketingstrategie genau?

Erstellen Sie eine Website und einige Landing-Pages für einzelne Produkte Ihres Produktsystems

Ihre (Firmen-)Website soll, wie bereits im Abschnitt über die Werbemittel erwähnt, idealerweise drei Funktionen erfüllen:

1. Informieren: Das tun die meisten Websites, die einen mehr, die anderen weniger. Meist informieren sie jedoch zu sehr aus der Sicht des Anbieters und zu wenig aus der des Nachfragers. Texte sind oft zu lang, zu eigenschaftsorientiert und zu wenig nutzenorientiert. Headlines müssen spannend sein; sie sind ein Versprechen. Und Headlines,

Texte, Formatierungen müssen den Besucher führen, und zwar zum gewünschten Ergebnis: zu dem, was verkauft werden soll. Gute Texte sind übrigens viel wichtiger als ein aufwendiges Design, das mit Flash und anderem Schnickschnack aufwartet. Bilder oder Grafiken können Informationen manchmal besser transportieren als lange Texte, sie sind in Maßen durchaus empfehlenswert. Aber alles andere ist nur dann sinnvoll, wenn es die Zielerreichung unterstützt. Sammeln Sie Testimonials und Referenzen, die Sie in die Texte integrieren. Das verstärkt die Vertrauensbildung. Achten Sie weiter darauf, dass Ihre Sitemap, also die Seitenübersicht Ihres Internetauftritts, die jedem Besucher per Link zur Verfügung stehen sollte, übersichtlich und einfach gehalten ist. Gestalten Sie eine auffällige Hauptmenüleiste für die Links, die zu den Produkten und Ihren Angeboten führen. Den Rest stellen Sie über eine kleinere, unscheinbarere Menüleiste zur Verfügung. Auf jeder Seite findet der Besucher Kontaktinfos (Telefon und E-Mail), um ohne Suchen aktiv werden zu können. Generell: Eine Website, die nur informiert, dient nicht dem Gesamtzweck des Unternehmens und ist für meine Begriffe keine Firmenwebsite. Sie ist vielleicht für einen anderen Zweck berechtigt, aber nicht zur Zielerreichung Ihres Business-Engagements.

2. Verkaufen: Natürlich soll eine gute Website verkaufen. Denn sie ist eine Investition mit dem Ziel, Umsatz zu machen. Und deshalb muss sie das Produktsystem so präsentieren, dass es beim ersten Blick klar wird. Außerdem muss sichergestellt werden, dass sich die Besucher sofort zurechtfinden. Genauer gesagt, muss der Besucher in fünf bis sieben Sekunden erkennen, ob er hier das findet, was er sucht, und dann, was der Anbieter konkret zum Kauf anbietet.

Die Webseite ist durchaus mit einem Geschäft in der Fußgängerzone vergleichbar. Interessenten wandern durchs Netz wie durch eine Fußgängerzone, und wenn sie zum Beispiel bei Ihrem Bekleidungsgeschäft vorbeikommen (oder es in einem Wegweiser wie Google sehen), müssen sie am Firmennamen und am Schaufenster erkennen, dass sie bei Ihnen auch Krawatten kaufen können. Wenn sie dann im Laden stehen, brauchen sie Orientierung, etwa durch entsprechende Tafeln neben den Rolltreppen: Das gesamte erste Obergeschoss ist für Damenkleidung, das zweite auch, im dritten gibt es Sport- und Freizeitkleidung für Herren, im vierten Businesskleidung für Herren. Also fahren sie in den vierten Stock. Wenn sie dann bei den Krawatten angekommen sind, sollten diese auch nach einem sinnvollen System geordnet sein, das ihnen bei der Auswahl hilft. Zudem müssen sie die Möglichkeit haben, sich persönlich beraten zu lassen. So sollte auch Ihre Website funktionieren.

Tendenziell bewegen die Website-Besucher ihre Augen nach einem Z-Muster: Sie fangen zunächst oben mittig an zu suchen, gehen dann aber in der Regel ins linke obere Eck, anschließend entsprechend unseren Lesegewohnheiten von links nach rechts oben, danach von rechts oben diagonal nach links unten und dann von links unten horizontal nach rechts, um die Website zu verlassen oder zu einem interessanten Eyecatcher zurückzugehen. Bedeutende Ankerpunkte des Auges sind somit oben Mitte, links oben, rechts oben und rechts unten. Das rechte untere Eck eignet sich daher ideal zum Appell, ebenso wie das rechte obere Eck.

Wenn zu viele Besucher ohne Kontaktversuch oder Kauf wieder verschwinden, ist das Produktsystem und / oder die Website noch nicht optimal. Bieten Sie dem Besucher viele Links zum Klicken an, die alle auf ein Ziel ausgerichtet sind: den Besucher zum Kauf oder zur Kontaktaufnahme zu bewegen. Achten Sie bitte auch darauf, dass Ihre Website nicht zu viele Ablenkungen und nicht zu viele Wahlmöglichkeiten enthält. Wenn Besucher zu viele Entscheidungen treffen müssen, besteht die Gefahr, dass sie sich gar nicht entscheiden. Haben Sie sehr viele Angebotsebenen, nutzen Sie deshalb besser zusätzlich Landing-Pages (siehe unten).

3. Community aufbauen: Es ist einfach schade, wenn ein Kunde Ihren Laden betritt, sich umsieht und dann wieder geht, ohne dass Sie wissen, wer er ist. Realität ist aber, dass das weder im Geschäft in der Fußgängerzone noch auf Ihrer Webseite ganz zu verhindern ist. Aber natürlich sollten Sie auch dem Besucher Ihrer Webseite gute Anreize bieten, sich zu erkennen zu ergeben. Er sollte mindestens Name und E-Mail-Adresse samt der Erlaubnis hinterlassen, ihn wieder kontaktieren und informieren zu dürfen. Das machen Besucher gern, wenn sie aktuell nicht kaufen wollen, Ihr Angebot aber grundsätzlich spannend finden. Hilfreich ist es, die Angabe der Kontaktdaten mit wertvollen Dankeschöns zu honorieren. Haben Sie seine Daten erst einmal, können Sie ihn immer wieder mit Hinweisen auf Neues und Wertvolles begeistern, irgendwann zum Kunden machen und dann über Ihr Kunden-Beziehungs-Management schließlich zum Stammkunden. Jede Firmenwebseite sollte die Besucher animieren, sich der Community anzuschließen.

Alle drei Funktionen sollten heute mindestens durch *Videos, Audios* und *Blogs* unterstützt werden, wobei sich Videos und Audios insbesondere zur Produktpräsentation gut eignen. Aber bitte lieber kein Video als ein schlechtes. Die Blogs nutzen Sie, um dort News zu posten, wertvolle Informationen, Tipps und Link-Empfehlungen zu Ihren Themenstichworten zu geben. Das interessiert Ihre Zielgruppe und die Suchmaschinen – sie werden Sie unter diesen Stichworten höher listen. Je höher Ihre Schlüsselwortdichte ist, desto bedeutender scheinen Sie als Experte für diese Themen zu sein. Beeindruckendes Beispiel dazu: Der Blog von VW und Horst Schlämmer (Hape Kerkeling) generierte innerhalb von vier Wochen 3,6 Millionen Seitenaufrufe und 2,8 Millionen Videodownloads (was natürlich auch Prominenz-Attraktivität als Grund hat – aber jede Attraktivität zählt!).

Darüber hinaus bieten sich Social-Media-Links an. Zeigen Sie Ihren Besuchern, in welchen Onlinenetzwerken Sie aktiv sind und wo sie Ihnen folgen können, um immer auf dem neusten Stand zu sein. Communitybuilding vom Feinsten.

Zu Ihrer Suchmaschinen-Positionierung hier noch drei einfache, aber sehr wirkungsvolle Hinweise:

- **Kommunizieren:** Schreiben Sie zu Ihren Produkten und Themen, wo immer Sie im Netz können. Posten Sie Artikel und Nachrichten zu genau den Stichworten, bei denen Sie in den Suchmaschinen gefunden werden wollen, insbesondere auf Ihrer Website, auf prominenten Plattformen und auf Presseportalen. Suchmaschinen werden Ihre Artikel finden und listen. Je mehr Content von Ihnen im Netz zu finden ist, je mehr sich auf Ihrer Webseite (textuell) in Bezug auf Ihre Suchbegriffe tut und verändert, desto wichtiger scheinen Sie zu sein und desto besser werden Sie angefragt und bei Google & Co. gelistet.
- **Profile:** Tragen Sie sich bei den Plattformen, die für Ihre Zielgruppe attraktiv sind, mit Ihrem Firmen- oder Expertenprofil ein. Oft

werden solche Profile mit Ihrem Namen, Ihrer Marke, Ihren Angeboten besser in Suchmaschinen gelistet als Ihre eigene Website. Manche Plattformen erzeugen so gute Suchergebnisse Ihres Profils bei Suchmaschinen, dass Sie sich dort eintragen sollten, auch wenn Ihre Zielgruppe dort gar nicht anzutreffen ist. Dies gilt für viele Fachexperten bei BrainGuide, für Speaker bei der German Speakers Association, Marketingexperten bei der Marketingbörse usw.

- **Verlinkungen:** Kooperieren Sie mit so vielen anderen Websites wie möglich durch gegenseitige Verlinkungen, insbesondere aus Artikeln und Texten heraus, die von Suchmaschinen ähnlich wie Empfehlungen gewertet werden und Ihr Listing in den Suchmaschinen verbessern. Auch deshalb sind Online-Netzwerkmarketing und Online-Kooperationsmarketing sehr wichtig.

Wie schon erwähnt, sollten Sie überlegen, ob Sie nicht zusätzlich zu Ihrer Firmenwebsite für besonders wichtige Produkte aus Ihrem Produktsystem eigene *Landing-Pages* anfertigen.

Kennzeichen einer Landing-Page sind:

- Kürze und Übersichtlichkeit. Die Landing-Page ist quasi eine abgespeckte Website. Der Besucher findet alle Argumente auf einer Seite, ohne klicken zu müssen. Die einfache Landing-Page bietet in der Regel keine weiteren Links in der Sitemap, die gesetzlichen wie Impressum, Datenschutz usw. ausgenommen.
- Eine Landing-Page verfolgt nur ein Ziel: dass der Besucher das dort präsentierte Angebot kauft. Er kann nur entscheiden: Ja oder nein, kaufen oder nicht.
- Sie besteht idealerweise aus einer längeren Homepage (Hauptseite), auf der alle wesentlichen Überzeugungstexte sind, gern unterstützt durch Bilder. In jedem Fall steht am Ende der Appell: »Jetzt kaufen«, »Jetzt anmelden!«
- Neben dem Überzeugungstext gibt es vertrauensbildende Elemente, also Kundenfeedbacks, Referenzen, Empfehlungen anderer Experten zu Ihrem Produkt, passende Videos, gewonnene Preise, Zertifizierungen usw.

Tipp!

Zum Abschluss noch einige weitere praktische Tipps – neben Contentstreuung, Communitybuilding, Pressearbeit etc. –, um Besucher auf Ihre Website oder Landing-Page zu locken:

- Reservieren Sie mehrere Domains, die Ihre Themenstichworte enthalten – das lieben Suchmaschinen. Schreiben Sie dort über Ihre Themen und verlinken Sie in diesen Texten vielfach auf Landing-Pages oder auf Ihre Website, die Ihre Produkte verkauft.
- »Übernehmen« Sie Besucher: durch strategische Kooperationen, Affiliate-Marketing, durch den Kauf von Plattformen mit Ihrer Zielgruppe, durch Cross-Promotions, bei denen ein Angebot für ein anderes online wirbt, etc.
- Zu Beginn einer Kampagne können Sie sich eventuell auch Besucher kaufen: durch Adresskauf, Anzeigen mit Bezahlsystem pro Klick (Google Adwords), Werbung oder Banner schalten, auch in Newslettern oder E-Zines.

Einer der großen Vorteile der Onlinewelt: die Messbarkeit! Um Ihre Onlineaktivitäten zu bewerten, müssen Sie diese messen. Zugriffe auf Ihre Webseite lassen sich zum Beispiel über Google Analytics zählen und auswerten. Wenden Sie sich dafür bitte an Ihren Website-Betreuer oder an Suchmaschinen-Experten. Das mache ich nicht anders. Diese Experten geben Ihnen bisweilen auch wertvolle Hinweise dazu, wie Sie Ihr Onlinemarketing noch weiter verbessern können.

Zeichnen Sie sich eine Landkarte von »Ihrem« Internet

Wo tummeln sich Ihre Zielgruppen im Internet hauptsächlich? Diese Orte sind Ihre »Hauptstädte«. Erstellen Sie eine Art Landkarte, eine priorisierte Liste, eine Mindmap oder Ähnliches und markieren Sie diese »Hauptstädte« rot. Wenn Sie HR-Entscheider suchen, gehört vermutlich www.hrm.de dazu. Wenn Sie Marketing-Entscheider suchen, vermutlich www.marketing-boerse.de. Oder bestimmte Marketinggruppen in Xing. Konzentrieren Sie sich immer auf die Plattformen, bei denen Sie am schnellsten mit Ihrer Zielgruppe in Kontakt kommen können. Weniger ist mehr. Lieber in Xing gut vernetzt und aktiv, als auf zwanzig Plattformen nur vertreten. Auf Ihrer Landkarte bewegen Sie sich jede Woche in einem festgelegten Zeitrahmen, zum

Beispiel für zwei bis drei Stunden. Limitiert auf die Zeit und auf die Landkarte. Prüfen Sie eventuelle Ablenkungen, also vor allem andere Onlinemarketing-Alternativen, immer mit der Frage: Bringen sie mich meinem (Umsatz-)Ziel näher und verspricht diese Möglichkeit auf den ersten Blick mehr als eine meiner anderen Onlinemaßnahmen im Bierdeckel-Businessplan? Wenn ja, tauschen Sie sie gegebenenfalls aus, sofern dadurch Ihre Konstanz in der Umsetzung Ihrer Pläne nicht gefährdet ist. Wenn nein, kommt die Ablenkung auf die Liste »Beim nächsten Businessplan prüfen!«.

Erarbeiten Sie für diese Hauptstädte Ihrer Zielgruppen einen Kommunikationsplan, um sich dort einzubringen, und entwickeln Sie danach Ihre Angebote: Netzwerken Sie dort nach dem Prinzip »Erst geben, dann erwarten«, kooperieren Sie, bauen Sie Gruppen auf, laden Sie zu Webinaren ein, bieten Sie Geschenke an, werden Sie selbst zum Akteur. Auch wenn Sie Tischtennisbälle an Händler vertreiben, können Sie für diese spezielle Zielgruppe etwas veranstalten. Immer zielgerichtet, nutzenorientiert und unter Beachtung der Positionierungsgrundsätze. Wenn Sie interessant und attraktiv genug sind, werden Sie auch hier Erfolge haben.

Hier lohnt es sich, sich die besten und erfolgreichsten Akteure in den ausgewählten Netzwerken anzusehen und zum Vorbild zu nehmen, also Benchmarking zu betreiben. Nutzen Sie deren Erfahrung, lesen Sie deren Bücher, besuchen Sie deren Seminare. Wer in Xing wirklich gut sein will, kommt beispielsweise am Xing-Experten Joachim Rumohr nicht vorbei. Bei Facebook ist es Collin Croome. Bei der Marketing-Börse und darüber hinaus im E-Mail- oder Onlinemarketing ist es Dr. Torsten Schwarz. Und so gibt es überall ein paar gute Experten, die Sie konsultieren sollten, um in ausgesuchten Hauptstädten aktiv zu werden.

Ich halte übrigens auch online nicht viel von Werbung nach dem Gießkannenprinzip, also zum Beispiel von diesen lästigen Bannern, die da ständig aufpoppen. Dieses Geld ist viel besser in den Aufbau einer guten, funktionierenden, betreuten Onlinecommunity investiert oder in Onlinekooperationen, in Onlineseminaren usw. Das gilt grundsätzlich auch für Google Adwords, Facebook-Werbung und Ähnliches. Wobei ich einschränkend gerne anmerke, dass das nicht für Produkte gilt, deren Zielgruppe sehr breit, also nahezu unbegrenzt ist, etwa für Lebensmittel. Und ich räume auch noch ein, dass sich der Strahl der Gießkanne im Netz besser konzentrieren lässt und in dieser zielgenaueren Form manchmal sogar empfehlenswert ist.

Ein sehr empfehlenswertes, bewährtes Modell im Onlinemarketing lässt sich weltweit sehr häufig finden und kann beispielhaft wie folgt dargestellt werden:

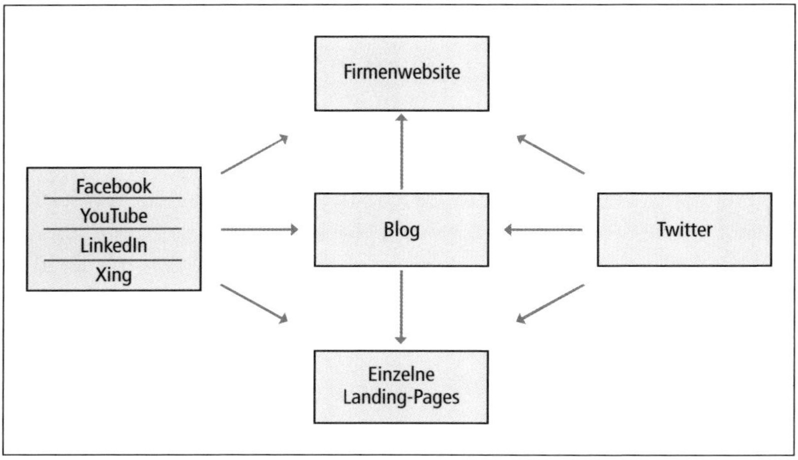

Bauen Sie eine attraktive Website und integrieren Sie einen Blog bzw. betreiben diesen extra. Veröffentlichen Sie darin ein- bis zweimal die Woche interessante Artikel, die so häufig wie möglich die Wörter enthalten, unter denen Sie von Suchmaschinen gefunden werden wollen. Posten Sie diese und weitere Artikel auch auf anderen Plattformen. Buchen Sie zusätzlich ein Profil auf Twitter und auf den wichtigsten Social-Media-Plattformen wie Facebook und YouTube. Posten Sie auch dort regelmäßig interessante Nachrichten, gewinnen Sie so über diese interessanten Inhalte via Sog neue Netzwerkpartner und Kunden, laden Sie aber auch aktiv andere Social-Media-Teilnehmer in Ihre Netzwerke ein. Verlinken Sie diese Blog-Posts, Artikel und Nachrichten immer wieder mit bestimmten Angebotsseiten Ihrer Website oder besonderer Produkt-Landing-Pages. Wenn Sie das regelmäßig tun, wird Ihnen das zahlreiche Besucher auf Ihre Produktseiten bringen, insbesondere wenn Sie auf Ihre Onlineaktivitäten auch offline immer wieder verweisen. Das wäre ein Modell, das jeder im Onlinemarketing einfach und schnell umsetzen kann.

Prof. Dr. Peter Kruse erklärte in einem Interview im Magazin *manager-Seminare:* »Wenn Sie ins Netz gehen, gehen Sie im Prinzip eher auf eine Party als auf ein Vortragspodium. Auf einer Party verlangen Sie ja aber auch nicht, dass alle Leute Ihnen zuhören. Es geht um Austausch, um Gespräche. Öffnen Sie sich dem gleichberechtigten Dialog. Seien Sie authentisch, transparent und seien Sie, soweit Sie können, ehrlich. Mehr Machtentfaltung geht in Netzwerken nicht.« Dieses Bild beschreibt den Status und die Zukunft der Onlinewelt sehr genau. Sind Sie fit genug für diese Party? Und haben Sie Lust, auf eine Party zu gehen, sich auf die Menschen dort einzulassen, gute Laune zu verbreiten und ein beliebter Gast zu werden? Besser ist das …

Presse-Beziehungs-Management (PRM)

Das Presse-Beziehungs-Management (Press-Relationship-Management / PRM) ist eine Form des Netzwerkmarketings. Das ist etwas anderes, als wenn Sie im Rahmen des Kooperationsmarketings mit Medien zusammenarbeiten. Beim Kooperationsmarketing sprechen Sie in der Regel nicht mit Redakteuren, sondern mit der Marketing- oder Geschäftsleitung des Verlags bzw. Senders. Die Redaktion hingegen ist keine Werbeabteilung, bei der man eine Kampagne in Auftrag geben kann; sie ist vielmehr unabhängig und darf sich gar nicht darauf einlassen, bestimmte Firmen, Marken oder Projekte gezielt zu fördern. Das würde der journalistischen Unabhängigkeit widersprechen.

Beim PRM geht es also nicht um Kooperationen, sondern um das Veröffentlichen von inhaltlichen Meldungen in Zeitungen, Magazinen, Radio- und TV-Sendungen. Ganz wesentlich ist dabei, dass diese Meldungen für die Leser, Hörer und Zuschauer der entsprechenden Medien interessant sind. Und die Redaktion bzw. der Journalist bildet sich ein Urteil darüber, ob sie das sind.

Solche Medien haben zum Teil riesige Zielgruppen; das kann bis in die Millionen gehen. Kein Wunder also, dass solche Journalisten sehr gefragt sind. Ich kenne Chefredakteure, die täglich zwischen fünfhundert und tausend E-Mails mit Pressetexten oder Ähnlichem erhalten. Diese Entscheider können die E-Mails nur querlesen und prüfen, ob ihnen ein Absender bekannt oder ein Betreff-Stichwort gerade interessant erscheint. Der Rest wird oft ungelesen gelöscht. Das ist verständlicher Selbstschutz.

Wenn Sie nun einer guten PR-Agentur den Auftrag geben, ihre Texte an einen Presseverteiler weiterzuleiten, kann das durchaus erfolgreich sein, sofern die Agentur bei den Journalisten bekannt ist und einen guten Ruf genießt (dann betreibt die Agentur Presse-Beziehungs-Management). Aber gute Agenturen haben Hunderte von Kunden, das heißt, sie verteilen in jedem Quartal Tausende von Pressemeldungen. Bei Tausenden von Agenturen in Deutschland sind das ebenfalls Massen von E-Mails, die Redakteure täglich von Agenturen bekommen – und ungelesen löschen.

Ich empfehle Ihnen daher die langfristig beste Variante: Ihr eigenes Presse-Beziehungs-Management. Bauen Sie zu den für Sie wichtigsten Journalisten einen persönlichen Kontakt auf, gewinnen Sie sie für sich und pflegen Sie die Beziehung. Dabei ist die wichtigste Voraussetzung, dass Sie Ihre Hausaufgaben gemacht haben und für den Journalisten interessant sind: durch Ihre Außergewöhnlichkeit, Attraktivität, Innovation und Seriosität. Und last, not least durch Ihre Expertenpositionierung! Wenn der Journalist Sie als Experten befragen kann, bekommen Sie auch Veröffentlichungen.

Ein professionelles Presse-Beziehungs-Management nach der 4e-Marketingstrategie umfasst drei Schritte:

1. Journalisten-Netzwerk aufbauen: Wenn wir bei Coachings den für den Coachee relevanten Presseverteiler definieren, dann kommen wir im Schnitt auf rund fünfzig Journalistennamen. Diese Zielgruppe sollten Sie sich persönlich so »erobern«, dass die Journalisten Ihren Namen kennen und Sie in eine Themen- oder Expertenschublade einordnen können. Die Zielgruppe ist nicht groß, aber schwer zugänglich. Deshalb müssen Sie, wie erwähnt, vor allen Dingen sehr interessant sein. Aber eben auch eruieren, wo diese Journalisten regelmäßig persönlich anzutreffen sind, denn Sie bekommen selten einen persönlichen Termin in der Redaktion. Wo finden Sie Fachjournalisten? Auf den fachspezifischen Kongressen und Messen, außerdem in Journalisten-Netzwerken ... Und dann beginnt das übliche hochwertige Netzwerken, wie bereits beschrieben. Je mehr Journalisten von Ihnen gehört haben oder Sie persönlich kennen, desto wirkungsvoller ist jede Aussendung an diese Zielgruppe. Kein vernünftiger Landwirt wirft den Samen auf unbearbeiteten Boden!

2. Operative Projekte planen: Einfach Texte zu verschicken, reicht nicht. Nach dem Zufallsprinzip kann es ja sein, dass ein Journalist gerade das sucht und braucht. Aber Sie fallen damit nicht genügend auf. Journalisten warten auf etwas Neues. Sie brauchen für ihre Kunden, also für die Leser, Zuschauer und Hörer, etwas, was Aufmerksamkeit erregt, vielleicht durch den Promifaktor, vielleicht über die soziale Schiene, vielleicht weil es eine echte Innovation ist. Und solche Vorlagen sollten Sie den Journalisten gezielt bieten. Definieren Sie zu Ihrem Thema passende Projekte in Ihrer Firma, über die Sie dann einen Pressetext verfassen und an die Journalisten verteilen. Wenn Sie also zum Beispiel als Erfolgstrainer eine Abschlussklasse eines Gymnasiums ein Jahr begleiten und fit machen für den Studien- oder Berufsalltag, können Sie darüber regelmäßig Berichte schreiben. Vielleicht finden Sie sogar einen Radio- oder TV-Sender, der das gesamte Projekt begleitet. Eine andere Idee, wenn Sie im Bankbereich arbeiten: Sie beraten einen Menschen, der gerade unverschuldet Privatinsolvenz anmelden musste, bedingt durch Krankheit oder Arbeitslosigkeit. Seine Ausbildung und Berufserfahrung bieten aber genug Potenzial, um wieder etwas aufzubauen. Wenn Sie es schaffen, diesem Menschen einen Neustart zu ermöglichen, ist das eine schöne Geschichte.

3. Pressemeldungen verteilen: Wenn Sie also sehr gute, attraktive, außergewöhnliche, verrückte Projekte durchgeführt haben und darüber was schreiben oder sagen können, heißt es wieder: kommunizieren, kommunizieren, kommunizieren. Machen Sie das dann persönlich. Die Agentur kann den großen anonymen Verteiler übernehmen, aber die wichtigen Kontakte sind Chefsache!

Wer einmal richtig guten Eindruck bei TV-Talkshows gemacht und sich dort als Experte für Thema X positioniert hat, wird auch zu anderen

Talkshows eingeladen. Hier kommt es also zu einer Art Dominoeffekt. Einer der besten Beschleuniger dafür ist ein Buch, mit dem Sie sich als Experte positionieren. Sagen Sie nicht, dass nur Ausgewählte ein Buch schreiben können. Jeder kann das, auch angestellte Manager, im Zweifel im Selbstverlag.

Direktmarketing

Das Direktmarketing ist ein besonderer Handlungsraum im House of Easy Marketing. Dies deshalb, weil es eher Mittel zum jeweiligen Zweck ist und in jedem anderen Handlungsraum eine Rolle spielen kann, aber nicht muss. Das Direktmarketing unterstützt sozusagen die gesamte Statik des House of Easy Marketing, muss dafür aber nicht in jedem der Handlungsräume eine Rolle spielen.

Beim Direktmarketing sprechen wir grundsätzlich von zwei Bereichen, dem Dialogmarketing und der Direktwerbung. Das Dialogmarketing möchte den Empfänger einer Marketingbotschaft zu einer unmittelbaren Reaktion verführen, was meist mit einem Antwortmedium versucht wird. Beispiele wären Post-Mailings mit einem Coupon zur Anmeldung zu einer Veranstaltung oder mit einer Einladung zum Gewinnspiel. Direktwerbung ist im Grunde Massenwerbung, allerdings mit einer gewissen Konzentration des Gießkannenstrahls. Ein Beispiel hierfür sind Anzeigen, Banner, Postwurfsendungen von Anzeigen-Flyern. Dabei kann der Absender zwischen der Streuung an bestimmte Zielgruppen (Festlegung zum Beispiel nach Beruf, Einkommen oder Alter) oder Massenverteilungen nach geografischen Gesichtspunkten wählen.[11]

Gute Direktmarketing-Kampagnen können Sie in der Regel nicht allein abwickeln, sondern Sie benötigen die Hilfe von

- **Marketing-/Grafikagenturen**, die für Sie die Gestaltung von Kuverts, Anschreiben, Anlagen und Flyern übernehmen,
- **Internet-Agenturen**, die zum Beispiel Landing-Pages entwickeln, um

11 Vgl. Wikipedia, Definition »Direktmarketing« und »Dialogmarketing«.

über einen Mediensprung vom Papier-Mailing in die Online-Welt eine Anmeldung, eine Registrierung usw. zu ermöglichen,
- **Lettershops**, die die Adressen der Aussendung prüfen und aufbereiten, die Aussendung für Sie drucken, kuvertieren, versandfertig machen und ausliefern und eventuell in Kooperation mit allen Beteiligten den Response messen und bewerten.

Sie merken schon: Das ist eine sehr kostenintensive Art, Marketing zu betreiben. Ich integriere diese Marketingform hin und wieder, aber nicht besonders oft in meinen Bierdeckel-Businessplan.

Ein weiterer Nachteil ist, dass sich heute der Response nicht mehr seriös prognostizieren lässt. Vor einigen Jahren noch konnten wir bei 10.000 Briefen an eine bestimmte seminaraffine Zielgruppe nahezu genau vorhersagen, wie viele Empfänger sich für das Seminar anmelden. Diese Zeiten sind vorbei, im Wesentlichen aufgrund der Flut von Aussendungen, die Adressaten heute erhalten.

Was können Sie tun, um dennoch eine erfolgreiche Direktmarketing-Kampagne zu starten?

- Weil der Rücklauf kaum noch prognostizierbar ist, sollten Sie sukzessive vorgehen, also nicht 10 000 Mailings zeitgleich aussenden, sondern vielleicht erst einmal 1000, dann den Return on Mailing bewerten, gegebenenfalls Änderungen vornehmen und anschließend die nächsten 1000 versenden – bis der Return passt und das Kosten-Nutzen-Verhältnis Ihren Vorstellungen entspricht. Erst dann können Sie in die Vollen gehen.
- Ihre Sendung sollte schon vor dem Öffnen interessant wirken, eben anders. Daher ist es ratsam, auch das Kuvert zu bedrucken, etwas einzulegen, sodass sich das Kuvert wölbt, was wiederum neugierig macht. Alles, was das Öffnen fördert, ist gut.
- Kein Post-Mailing ohne Anschreiben. Dabei verkauft das Anschreiben das Angebot. Die Mailing-Anlage, zum Beispiel der Flyer, verstärkt und erklärt das Angebot. Die meisten Kunden lesen den Betreff des Anschreibens, fett gedruckte oder unterstrichene Wörter, das PS unter der Unterschrift und den Flyer als Erstes, allerdings in unterschiedlicher Reihenfolge. Diese Textelemente dienen als Eyecatcher und sollten die Argumente präsentieren sowie zum Weiterlesen anregen.

- Die Titelseite des Flyers entscheidet mit über den Erfolg Ihrer Maßnahme. Auf der Titelseite muss deutlich werden, um was es geht und was ich kaufen kann, drei Argumente, warum ich es kaufen soll, und etwa drei Elementarinformationen, bei einem Seminar-Flyer zum Beispiel Datum, Zeit und Ort. Ansonsten gelten die Regeln zu Text und Grafik, die wir in diesem Buch bereits besprochen haben.
- Auf Anschreiben, Beilage und Kuvert (wenn bedruckt) gehören auf jede Seite E-Mail-Adresse und Telefonnummer, damit Interessenten sofort aktiv werden können.
- Ein Mailing sollte immer mit einem Antwortmedium versehen sein, das einfach und schnell ausgefüllt und genauso einfach versandt werden kann. Der bloße Verweis auf eine Landing-Page reicht auch in Onlinezeiten nicht.

Es würde den Rahmen dieses Buches sprengen, wenn wir hier alle relevanten Punkte besprechen würden, die Sie bei der Erstellung und Durchführung einer solchen Kampagne beachten müssten. Oder alle Modelle und Varianten, die es dazu gibt. Daher empfehle ich Ihnen hier kompetente Partner wie beispielsweise das Siegfried Vögele Institut oder andere erfahrene Agenturen, die tagaus, tagein nur solche Kampagnen durchführen.

Ein echter Vorteil des Direktmarketings soll an dieser Stelle noch betont werden: die Messbarkeit. Sie können den Erfolg Ihrer Kampagne stets recht genau beziffern, denn Sie wissen, wer was über welchen Kanal erhalten hat, und können den Response genau ermitteln.

Kunden-Beziehungs-Management (CRM)

So – jetzt haben wir einfach neue Kunden gewonnen, indem Sie die Maßnahmen Ihres Bierdeckel-Businessplans umgesetzt haben. Diese Erstkunden sind von Ihren Produkten und Leistungen begeistert, empfehlen Sie eventuell auch noch weiter. Sie kaufen vielleicht auch ein zweites, drittes, viertes Mal, insbesondere wenn Sie durch Ihr vertikales Produktsystem geführt werden und eine horizontale Produktkette nach der anderen kaufen, die Nutzen stiften.

Aber: Irgendwann ist Ihr Produktsystem vollständig vom Kunden gekauft – das wäre der Idealfall. Oder der Kunde ist gerade nicht solvent, hat keinen Bedarf, weil er Investitionen anders steuert, seine Produktion ins Ausland verlagert, oder er zieht einfach weg. Oder der Kunde wechselt zur Konkurrenz.

Für einen solchen Wechsel kann es verschiedene Gründe geben:

- Der Kunde wird innerhalb des Produktsystems enttäuscht: Ein Mitarbeiter muss nur einmal schlecht drauf sein und das gesamte Unternehmen leidet darunter, da der Kunde sich nicht mehr meldet. Vierzehn Prozent aller abgewanderten Kunden nennen als Grund Beschwerden, die nicht richtig gelöst wurden.
- Ein Wettbewerber ist noch besser als Sie, noch innovativer.
- Sie haben dem Kunden nie das Gefühl gegeben, dass er Ihnen wichtig ist.
- Sie haben sich nie richtig bei dem Kunden bedankt oder ihm gesagt, dass er wiederkommen soll.
- Sie hatten nicht genügend Zeit, wenn die Kunden kamen. Diese fühlten sich nach Schema F behandelt.
- Sie haben einen Telefoncomputer vorgeschaltet, der die Kunden durch unsägliche Schleifen jagt: »Wenn Sie x möchten, dann drücken Sie die 1, wenn Sie y möchten, dann drücken Sie die 2 ...
- Sie haben einen Fehler, der Ihnen passiert ist, auf Ihren Computer, die Deutsche Telekom oder irgendwen anders geschoben.

Sie haben also Stunden und nicht selten Hunderte von Euro in die Akquise dieses Kunden investiert und dann kauft er nicht mehr. Auch dafür können wir den Kunden nicht verantwortlich machen, auch wenn wir es manchmal gern tun würden, um selbst keine Verantwortung übernehmen zu müssen. Nein: Hier hat das Kunden-Beziehungs-Management (auch Customer-Relationship-Management, kurz CRM) versagt. Sie benötigen dann eine Strategie, um den Kunden zurückzugewinnen, die sich in den Mitteln nicht sehr von der Strategie zur Kundenbindung unterscheidet, aber schwieriger und aufwendiger ist.

Es geht also darum, Kunden zufriedenzustellen oder gar zu begeistern. Auch wenn wir uns im Zeitalter der nie zufriedenen Kunden befinden, da die Erwartungen täglich (von anderen) erhöht werden, gilt folgende Gleichung immer noch:

$$\text{Kundenbegeisterung} = \frac{\text{Erbrachte Leistung}}{\text{Subjektive Erwartung}}$$

Was erwarten nun die Kunden? Mehr als die Hälfte der Kunden erwartet sehr guten Service, nur ein Drittel gutes Fachwissen und lediglich knapp zehn Prozent einen günstigen Preis. Also gehen Sie nicht über den Preis, sondern über Topprodukte und Topservice vom ersten Kontakt an. Und bleiben Sie auf diesem hohen Niveau. Mit großen und vor allem vielen kleinen Ideen, um Ihre Kunden zu überraschen.[12]

Beispiel

Forscher der University of Mississippi fanden heraus, dass Kellnerinnen durchschnittlich 37 Prozent mehr Trinkgeld bekamen, wenn sie beim Kassieren ihre Gäste kurz berührten. Berührten sie zusätzlich die Schulter des Gastes, wurden sie mit einem Aufschlag um weitere 18 Prozent belohnt. Wie spätere Studien ergaben, haben auch folgende Aufmerksamkeiten positive Effekte aufs Trinkgeld: Vorstellen der Kellnerin mit Vornamen, Wiederholen der Bestellung des Gastes, ein handschriftliches »Danke« auf der Rechnung, eine darauf gemalte Sonne, gute Wettervorhersagen als Anlage zur Rechnung (bei schlechten Voraussagen klappte es nicht). Kleine Serviceleistungen, die die Erwartungen der Kunden übertreffen, machen große Unterschiede.[13]

---

12 Vgl. Seminarunterlagen CRM, Trainplan AG.
13 Vgl. Schneider, Reto U.: Das Buch der verrückten Experimente, a.a.O., S. 258ff.

Ich empfehle Ihnen ein Kunden-Beziehungs-Management nach dem folgenden Muster:

1. Kunden klassifizieren: Nicht jeder Kunde ist gleich. Der eine kauft im Jahr für 50 000, der andere für 500 Euro. Der eine kauft einmal im Jahr groß ein, der andere immer nur kleinere Mengen, dafür aber häufiger. Der eine hat erst einmal gekauft, ist aber Vorstandsvorsitzender einer Bank, der andere hat schon zehnmal gekauft, macht aber den Eindruck, kurz vor der Pleite zu stehen. Sie sollten sich hier je nach Bedarf Ihr individuelles Klassifizierungsmodell basteln. Am verbreitetsten ist sicher die ABC-Analyse, die nach Umsatz gewichtet. A-Kunden sind die Kunden, mit denen sie den höchsten Jahresumsatz erzielen und / oder die in der nahen Zukunft großen Umsatz versprechen. Neben der finanziellen Klassifizierung sollten Sie Ihren Kunden bzw. allen Datensätzen in Ihrer Datenbank Merkmale zuordnen. Die einen Kontakte sind zum Beispiel A-Lieferanten, andere bekommen das Merkmal »Entscheider«, wieder andere die Branche »Finanzdienstleister«. Nur wenn Sie jede Adresse mit Eigenschaften oder Merkmalen versehen, können Sie später eine Strategie aufbauen: Adressen mit den Eigenschaften X, Y und Z erhalten E-Mail-Aussendung B mit dem neuesten Buchtipp. A-Kunden, die Entscheider sind, bekommen die Einladung zum jährlichen Jahresabschlussessen.

An dieser Stelle zwei Fragen: Wissen Sie eigentlich, welcher Kunde welchen Wert für Sie hat? Ihre Businesssysteme sollten Ihnen die entsprechenden Zahlen auf Knopfdruck liefern können. Und wissen Sie, wie welcher Kunde zu Ihnen gekommen ist und was Sie dieser Akquiseweg sowie die Kundenbindung gekostet hat? Das sollten Sie wissen, denn der Wert eines Kunden bemisst sich vor allem an Umsatz und Deckungsbeitrag.

2. Maßgeschneiderte Strategien entwickeln: Sie haben nun Ihre Kunden klassifiziert. Das war natürlich kein Selbstzweck. Sie überlegen daher jetzt für jede einzelne Gruppe, wie Sie diese optimal betreuen, um Ihre Ziele zu verwirklichen. Bei der Strategieentwicklung sind die gleiche Kreativität, Innovation und Leidenschaftlichkeit für Ihre Angebote gefragt wie bei der Entwicklung Ihres Produktsystems, denn alles, was Sie mit Ihren klassifizierten Kundengruppen unternehmen werden, soll natürlich in Kombination mit Ihrem Business, Ihren laufenden, aktuellen Projekten stehen. Ob Sie Ihren A-Kunden Website-Tipps, Pralinen oder die neuesten Produktmuster senden, hängt von Ihrer CRM-Strategie ab. Planen Sie gemeinsame Erlebnisse, führen Sie Veranstaltungen durch (Eventmarketing), erweisen Sie ihnen kleine Gefälligkeiten – Hauptsache, regelmäßig und konsequent. Wichtiger als der materielle Wert ist Individualität. Es ist wie an Weihnachten: Nicht das teuerste Geschenk macht die meiste Freude, sondern in der Regel das, in dem am meisten Originalität, Individualität und Zuwendung drinsteckt.

Regelmäßige Innovationen sind auch im CRM sehr empfehlenswert, ja notwendig. Fragen Sie Ihre Kunden ruhig ganz offen, was sie sich von Ihnen wünschen – Sie werden erstaunt sein, welche Ideen und manchmal auch Geschäfte aus solchen Gesprächen entstehen.

Aus Ihren Überlegungen zur Strategieentwicklung leiten Sie dann konkrete Maßnahmen ab, die übers Jahr erledigt werden. Die Abarbeitung dieser To-do-Liste sollten Sie als Prozess begreifen (Wiedervorlage von Aufgaben), der in Ihrem Unternehmen genauso implementiert werden muss wie die Abläufe bei einer Auftragsanfrage. Und für jeden Prozess muss es natürlich einen Mitarbeiter geben, der dafür sorgt, dass er nicht ins Stocken gerät. Strategien – Prozesse – Menschen: Das ist das Kernstück jedes guten Kunden-Beziehungs-Managements, das ist erfolgreiches 4e-Marketing.

3. CRM-Tools für diese Strategien einsetzen: Mit Word, Excel, Access und Outlook lassen sich zwar einige CRM-Aufgaben erledigen, aber damit Ihr Kunden-Beziehungs-Management wirklich einfach ist, sollten Sie von Anfang an in ein CRM-System investieren. Denn hier können Sie Hunderte Adressen einfach mit einer Serienmitteilung (Serienbrief, Serienfax, Serien-Mail, Serien-SMS) versorgen und die definierten Prozesse im System in der Wiedervorlage je Mitarbeiter installieren und abwickeln. Das kostet etwas Geld, ist letztlich aber preiswerter, als Kunden zu verlieren und deshalb ständig neue Kunden akquirieren zu müssen. Sie finden eine regelmäßig aktualisierte Liste von Empfehlungen zu sehr guten CRM-Tools auf www.experts4events.com/ausverkauft.

4. Messen: Auch hier gilt es, den Erfolg der Maßnahme zu kontrollieren. Denn Sie müssen wissen, ob Ihre Ideen, mit denen Sie Ihre Kunden regelmäßig überraschen und verwöhnen, auch Wirkung zeigen: also regelmäßigen Umsatz generieren und damit Loyalität schaffen.

Mehr benötigen Sie in der Regel nicht, um Kunden zu begeistern und zu binden. Weniger auch nicht. Wenn Sie immer innovativ und interessant bleiben, werden Sie in der Regel keine Kunden verlieren. Wir alle kennen erfolgreiches, innovatives Kunden-Beziehungs-Management auch aus der Praxis. Hier ein Beispiel aus Kanada:

Beispiel

Meine Frau lebte eine Zeit lang in Vancouver und natürlich standen auch dort bisweilen Zahnarztbesuche auf der Tagesordnung. Wie findet man als ausländischer Arbeitnehmer in einer fremden Stadt einen guten Arzt? Man lässt sich von Kollegen einen empfehlen. Also ging meine Frau zu einem ihr empfohlenen jungen Zahnarzt, der noch gar nicht lange praktizierte. Seine Praxis lag hoch oben in einem Hochhaus und vom Zahnarztstuhl hatte man einen herrlichen Blick über Downtown Vancouver. Die Praxis war ansprechend und freundlich, das Personal aufmerksam und zuvorkommend. Bei der ersten Behandlung fragte der Zahnarzt viel, auch welche Musik meine Frau gerne hört. Fortan bekam sie jedes Mal über Kopfhörer ihre Lieblingsmusik eingespielt, damit sie das Bohrergeräusch nicht hören musste. Die Einstichstelle der Betäubungsspritze wurde vorbetäubt, das hinterließ übrigens einen angenehmen Erdbeergeschmack. Damit man möglichst wenig von der Behandlung merkte, wurde die Mundhöhle mit einem Zelt verkleidet – standardmäßig.

Der Zahnarzt legte natürlich alle Informationen über die Patienten, auch über deren Vorlieben, Verhaltensweisen und Ängste, in seinem System ab. Bei jedem Termin wurde auch schon der nächste vereinbart. Zwischendurch erhielten seine Patienten nette E-Mails: mit der Frage, wie es ihnen geht, mit Tipps zur Zahnreinigung und neuen Produkten. Lektüreempfehlungen zu Themen wie Amalgamstudien kamen monatlich. Und natürlich wurden die Patienten eine Woche vor dem vereinbarten Termin per Telefon daran erinnert. Während normalerweise niemand gern zum Zahnarzt geht, hatte dieser Zahnarzt eine richtige Fangemeinde. Zwischenzeitlich war der Andrang in seiner Praxis so groß, dass dieser Zahnarzt keine neuen Patienten mehr annahm. Er suchte nach einem Partner, der in die Praxis miteinsteigt und nach gleicher Philosophie behandelt und unternehmerisch denkt. Toll!

Beispiel

Ein zweites Beispiel: Waren Sie schon mal im Restaurant des Sternekochs Jamie Oliver in Cornwall essen? Direkt am Meer gelegen, mit langer Fensterfront und Blick auf Sonne, Meer und sportliche Wellenreiter. Innen beeindrucken die gläserne Küche und der erstklassige Service. Das Essen lässt natürlich auch nichts zu wünschen übrig. Aber seitdem ich dort übers Internet reserviert habe, genieße ich das Kunden-Beziehungs-Management von »Fifteen Cornwall« (so heißt das Restaurant). Und ich weiß es wirklich zu schätzen, was die mir übers Jahr verteilt an Kleinigkeiten zukommen lassen. Neue Rezepte, Kochtipps, Empfehlungen für Küchenausstattung, Umfrageergebnisse zu Themen wie Ernährungsverhalten oder Kochtrends, Neuigkeiten von Jamie, der sich sehr für gesundes Essen für Kinder einsetzt, u.v.m. Ich bin in Deutschland auch schon bei Sterneköchen gewesen – aber ich musste schon nach Cornwall fahren, um das zu erleben. Wenn es nicht so weit weg wäre, wäre ich dort Stammgast. Ich hätte gern ein Restaurant in meiner Nähe, das so professionell aufgestellt ist, dass ich dort immer wieder gern essen gehen und darüber schreiben, reden, es weiterempfehlen würde!

Bauen Sie so oder so ähnlich auch für Ihr Business eine Fangemeinde auf. Sie wissen ja: Wenn Kunden nicht wiederkommen, liegt das meistens an Ihrem Angebot. Und denken Sie immer daran: Einige Kunden warten nur darauf, wieder einmal Ja zu einer Offerte von Ihnen zu sagen.

Immer wieder machen wir es bei uns im Büro von experts4events so, dass jeder Mitarbeiter eine Woche lang jeden Tag fünf Kunden anruft, die schon länger nichts mehr von uns gehört haben. Den Satz »Gut, dass Sie anrufen …« hören wir dabei auffällig häufig. Lassen Sie mithilfe Ihrer CRM-Tools einmal gewonnene Kontakte nie mehr los, jedenfalls sofern diese Kontakte profitabel sind. Schreiben Sie Briefe, handschriftliche Postkarten, nette E-Mails, senden Sie eine Audio- oder Videobotschaft oder rufen Sie einfach mal an.

Aber Vorsicht: Ich kenne Firmen, die sich im Rahmen ihres CRM sehr um mich als Kunden bemüht haben. Die sich regelmäßig gemeldet haben. Aber ich habe mich jedes Mal gefragt: Was gibt's denn dort Neues, das ist doch das Gleiche, das ich vor drei Jahren schon angeboten bekommen und teilweise gekauft habe. Wer nicht mindestens alle drei Jahre eine grundlegende Produktinnovation, ob differenzierend oder variierend, auf den Markt bringt, wird überholt oder verliert.

Empfehlungsmarketing

Wenn uns Anbieter, Lieferanten und Produkte begeistert haben, erzählen wir anderen davon. Wenn uns Firmen enttäuscht haben, wenn wir uns womöglich so richtig über sie geärgert haben, erzählen wir das aber noch viel mehr Leuten. Das hat Auswirkung auf diese Firmen – im positiven wie im negativen Sinne.

Wie oft aber wurden Sie bisher aktiv von einem Anbieter gefragt, ob Sie ihn und seine Produkte weiterempfehlen werden? Selten bis nie? Leider – denn das ist eigentlich das Empfehlungsmarketing, das diesen Namen wirklich verdient: Es ist aktiv, es geht von Ihnen aus.

Wir alle werden regelmäßig nach Empfehlungen gefragt: Kennst du ein gutes Hotel in Hamburg? Wo hast du denn diese Videokamera gekauft? Das ist üblich, und wenn wir gefragt werden, geben wir auch gern Auskunft. Aber warum geben wir ungefragt so wenig positive Empfehlungen? Einige der Hauptgründe sind sicherlich, dass wir nicht aufdringlich sein wollen, nicht in die Rolle eines »Verkäufers« schlüpfen und keine negative Bumerangwirkung ernten wollen, wenn der andere keine guten Erfahrungen mit dem empfohlenen Anbieter macht. Das schlägt auch auf uns zurück und das wollen wir vermeiden. Dann lieber mal eher nicht empfehlen. Eigentlich eine wenig konstruktive Haltung, denn sofern wir mit dem empfohlenen Anbieter schon häufiger gute Erfahrungen gemacht haben, ist die Wahrscheinlichkeit der Enttäuschung doch gering. Und selbst wenn es ausnahmsweise mal nicht klappt und der Empfehlungsempfänger nicht zufrieden ist, wird er es selten auf uns, den Empfehlungsgeber, projizieren, insbesondere wenn wir immer ergänzen: »Bitte mach dir dein eigenes Bild von dem Anbieter!«

Für Sie kann es durchaus Vorteile haben, Empfehlungen auszusprechen:

- Sie werden von dem entsprechenden Anbieter noch aufmerksamer behandelt, werden vielleicht vom B-Kunden zum A-Kunden.
- Sie ernten Dank von denen, die mit dem Anbieter ebenfalls sehr zufrieden sind.
- Wenn Sie viele Empfehlungen aussprechen, erhalten Sie selbst automatisch auch mehr Empfehlungen.

Es gibt viele gute Gründe, Empfehlungen für sehr gute Anbieter auszusprechen, und ganz wenige, es nicht zu tun. Letztendlich fördere ich auch die Qualität insgesamt, wenn ich die richtig guten Firmen empfehle und vor schlechten warne. Das trägt zur besseren Leistung in der Wirtschaft bei. Aus Anbietersicht heißt das aber: Wenn ich viele Empfehlungen auslöse, stimmt in meinem Businessmodell schon sehr viel, und ich gehöre zu denen, die zufriedenstellen oder gar begeistern. Die, die als Anbieter begeistern, sollten sich gegenseitig unterstützen und kooperieren.

Wir sprechen beim Empfehlungsmarketing über zwei Wege, eine Empfehlung zu bekommen: über »Tell-a-Story-Marketing« und über aktives Empfehlungsmarketing.

»Tell-a-Story-Marketing«

Den deutschen Begriff »Mund-zu-Mund-Propaganda« benutze ich ungern, weil das Wort »Propaganda« negativ besetzt ist. Besser gefällt mir der englische Ausdruck: Word-of-mouth-Marketing. Oder meiner: Tell-a-Story-Marketing. Denn die Menschheit erzählt sich schon immer Geschichten über positive und negative Erlebnisse nach dem Motto: »Ich muss dir erzählen, was ich heute erlebt habe« (meist positiv) oder »Mir ist heute was passiert« (oft negativ).

Wenn Sie als Anbieter etwas sagen, ist es klassisches Marketing, wenn Ihr Kunde das Gleiche sagt, ist es Tell-a-Story-Marketing. Warum berichten Menschen ihren Kollegen, Freunden, Verwandten und Bekannten über positive Erfahrungen mit Unternehmen und Produkten? Es gibt mindestens drei gute Gründe, wenn jemand in dieser Weise über Sie spricht:

- Die Menschen mögen Sie und Ihr Angebot nicht nur, sie lieben es.
- Wenn sie darüber reden, fühlen sie sich gut.
- Sie sind davon überzeugt, dass sie anderen damit einen großen Gefallen tun.

Die Summe aller Kommentare und Storys über Sie und Ihre Angebote, die unter Menschen zu jedem beliebigen Zeitpunkt ausgetauscht werden, nennt Marketing-Guru Emanuel Rosen »Buzz«. Das Wort kommt aus dem Englischen und bedeutet einerseits »Gerücht« und »Klatsch«, andererseits »Begeisterung«. Um Buzz zu initiieren, brauchen Sie, so Rosen, zuallererst ein überzeugendes Produkt. Dieses müssen Sie dann unter »Netzwerkknoten« verteilen – das sind Menschen, die als wichtige Multiplikatoren wirken.

Wenn Sie von Tell-a-Story-Marketing profitieren wollen, müssen Sie vier Voraussetzungen schaffen:

1. Seien Sie interessant, aufregend, außergewöhnlich für Ihre Kunden: Dann erzählen Ihre Kunden am Abend am Stammtisch Ihre Story. Der »ver-rückte« amerikanische Marketingguru Dr. Joe Vitale organisierte mal ein Open-Air-Konzert für Hunde, und zwar in einem Frequenzbereich, der für Menschen nicht hörbar ist. Können Sie sich eine Band vorstellen, die enthusiastisch auf der Bühne spielt, und Sie als Mensch hören nichts, während die anwesenden Hunde »abrocken«? Zu ihm hat diese Aktion gepasst, Presse war ihm sicher, Storys auch. Oder denken Sie an Bill Gates, der sich mit seiner Stiftung im Kampf gegen Malaria engagiert und in einem Vortrag vor geladener Prominenz erklärte: »Es gibt keinen Grund, warum nur arme Menschen von Moskitos gestochen werden sollten.« Daraufhin öffnete er einen Glasbehälter mit Stechmücken und versetzte einige Hundert Zuhörer im Saal in Panik. Auch das ging um die Welt – und damit seine Botschaft. Gesprächsstoff lieferte aber auch die Dove-Werbung mit Models, die eben nicht nach extrem schlanken Models aussahen, sondern eine ganz normale Figur hatten. Was passt zu Ihnen, mit welcher Überraschung können Sie Storytelling auslösen?

2. Machen Sie Ihre Kunden bei jedem Kontakt mit Ihnen glücklich, schaffen Sie die berühmten »magic moments«; geben Sie ihnen das Gefühl, dass Sie sich wirklich um sie kümmern.

3. Schaffen Sie Vertrauen in Ihre Kompetenz. Nur wer Ihnen vertraut, wagt es, auf Basis seiner emotional positiven Erfahrungen auch Empfehlungen auszusprechen. Ein gutes Zeichen dafür, dass Ihre Marken- und Kompetenzwirkung nach außen stimmt, sind Mitarbeiter, die stolz darauf sind, bei Ihnen zu arbeiten. Das bedingt sich gegenseitig.

4. Machen Sie es Ihren Kunden einfach, über Sie zu reden: Entwickeln Sie einfache Botschaften, mit denen Sie bald identifiziert werden. Beispiele sind die Claims von McDonald's (»Ich liebe es!«), BMW (»Freude am Fahren«) und Duplo (»Die längste Praline der Welt«). Geben Sie bei persönlichen Treffen den Menschen etwas mit, was an Sie erinnert. Wenn Sie im Bereich Gastronomie arbeiten, kann das zum Beispiel eine Kochschürze mit Ihrem Logo sein. Implementieren Sie Twitter, Facebook und andere Empfehlungsknöpfe (»tell a friend«) auf Ihrer Website und bereiten Sie fertige Empfehlungstexte vor. Entwickeln Sie zu Ihrem Produkt eine Broschüre über »Die 7 Geheimnisse des XY« und verteilen Sie diese, schaffen Sie Erlebnisse, die im Kopf bleiben. Es gibt nicht wenige, die »Customer Relationship Management (CRM)« schon von »Customer Experience Management« abgelöst sehen. Für mich ist das zweite nur Mittel zur Erreichung des ersten.

Sie sehen: Tell-a-Story-Marketing liegt in Ihrer Hand. Wenn nur wenige über Sie reden, sind Sie dafür verantwortlich. Wenn viele über Sie reden, auch. Beachten Sie dabei unbedingt, was im Internet über Sie geschrieben wird, insbesondere im Rahmen von Produktbewertungen. Die Kunden heute schildern ihre Erfahrungen nicht nur den Menschen, die sie persönlich kennen, sondern potenziell der ganzen Welt. Insofern hat Tell-a-Story-Marketing eine ganz andere Dimension bekommen. Im Netz entsteht durch diese Diskussionen über Sie eine Art (unlöschbares) Protokoll, das dazu beiträgt, wie Sie gesehen und wie oft Sie empfohlen werden.

Wenn Kunden Sie weiterempfehlen, ist das quasi Gratiswerbung für Sie. Und diese Werbung hat noch den zusätzlichen Vorteil, dass Privatpersonen, die etwas empfehlen, mehr Vertrauen geschenkt wird, als wenn ein Unternehmen selbst die Vorteile seiner Produkte herausstellt. Deshalb sollten Sie in Ihrem Kunden-Beziehungs-Management die Kontakte in Ihrer Datenbank klassifizieren, von denen Sie immer wieder Empfehlungen erhalten, und diese besonders aufmerksam betreuen.

Die Amerikaner nennen diese Kunden übrigens »The Talkers«. Geben Sie Ihren Talkern gute Themen, laden Sie diese Leute zu einem Event ein, verwöhnen Sie sie, geben Sie ihnen kostenlose Produktmuster, stellen Sie die neuesten Produkte erst diesen Fans vor, betreiben Sie einen geschlossenen Blog nur für diese Leute, schenken Sie ihnen exklusive Produkt-Add-ons, etwa den Schlüsselanhänger mit Ortungsfunktion beim Abholen des neuen Porsche.

Aktives Empfehlungsmarketing

Es gibt Menschen, die »grundsätzlich« nicht von sich aus empfehlen, und wenn sie noch so begeistert von einer Firma oder einem Produkt sind. Da müssen Sie dann etwas anschieben, wenn Sie auch über diese begeisterten Kunden weitere Kunden gewinnen wollen.

Zum aktiven Empfehlungsmarketing habe ich viel von Roger Rankel gelernt, insbesondere aus seinem Buch *Endlich Empfehlungen*. Rankels Grundidee ist, die aktive Empfehlungsfrage fest in die Akquise- bzw. Betreuungsgespräche mit dem Kunden einzubauen und dabei zu berücksichtigen, wie der Kunde zu einem gekommen ist. Dabei gliedert er die Empfehlungsansprache in zwei Sequenzen: In Sequenz A treffen Sie bereits in einem frühen Gespräch mit Ihrem Kunden die Vereinbarung, dass er Sie weiterempfiehlt, sofern er mit Ihnen und Ihren Leistungen zufrieden ist. In der Sequenz B, einem späteren Gespräch, wird dann konkretisiert, wann der Kunde wem was empfiehlt.

Diese Vereinbarung ist ausgesprochen effektiv. Im Unterschied zu Rankel bin ich allerdings der Meinung, dass sie nicht vor der eigentlichen Leistungserbringung getroffen werden muss. Ich empfehle Ihnen, diese Frage nur dann vor der Leistungserbringung zu stellen, wenn Ihr Produkt eine Einmalleistung ist. Da wir in der 4e-Marketingstrategie aber von einem Produktsystem und einer längeren Kundenbeziehung ausgehen, können Sie sich mit dieser Empfehlungsfrage Zeit lassen, bis Sie den Kunden von Ihrer Qualität überzeugen konnten. Dann könnte die Frage so aussehen: »Sie erwähnten, dass Sie mit unseren Leistungen sehr zufrieden waren. Neue Kunden erhalten wir meistens über Empfehlungen. Könnten Sie sich vorstellen, dass auch Sie uns weiterempfehlen, wenn Sie weiterhin mit uns zufrieden sind?« Das ist etwas dezenter und gibt auch dem Kunden ein besseres Gefühl.

Bei Sequenz B unterscheidet Roger Rankel dann zwischen sechs Kundentypen, von denen drei potenzielle Neukunden und drei Bestandskunden sind. Da wir im 4e-Empfehlungsmarketing die Empfehlungsfrage erst stellen, wenn wir schon ein- oder zweimal eine Leistung erbracht haben, ergeben sich für uns nur drei Typen:

1. Kunden, die noch nie auf das Thema Empfehlungen angesprochen wurden:

- Sie fragen den Kunden, ob er mit den Produkten und Leistungen zufrieden ist.
- Antwortet er mit »Nein«, besprechen Sie das Problem und fragen *nicht* nach einer Empfehlung.
- Antwortet er hingegen mit »Ja«, sagen Sie dem Kunden, dass Sie neue Kunden hauptsächlich über Empfehlungen erhalten, und fragen ihn, ob nicht auch er Sie empfehlen möchte.
- Wenn ein Ja kommt, nehmen Sie sich zehn Minuten Zeit, um mit dem Kunden zu besprechen, wen er anrufen wird, um Sie weiterzuempfehlen. Notieren Sie die Namen.
- Nur wenn er sich dagegen sträubt, selbst anzurufen, bieten Sie an, dass Sie diese Personen kontaktieren und sich dabei auf ihn berufen.

2. Kunden, die angesprochen wurden, aber noch nicht empfohlen haben oder nicht empfehlen wollen:

- Hier unterscheidet sich der Gesprächsablauf nur insoweit, als Sie zu Beginn festhalten, dass Sie mit dem Kunden schon einige Male über Empfehlungen gesprochen haben. Fragen Sie dann, ob Sie noch einmal darauf zurückkommen dürfen.
- Bei einem Ja geht's weiter wie bei 1.

- Bei einem Nein vermerken Sie für diesen Kunden: Vorerst nicht mehr nach Empfehlungen fragen!

3. Kunden, die angesprochen wurden und Sie bereits empfohlen haben (Sie möchten nun gern weitere Empfehlungen):

- Sie berichten dem Kunden, dass Sie mit seinem Kontakt, an den er Sie empfohlen hat, gesprochen haben und Sie XYZ vereinbart haben.
- Sie bedanken sich nochmals für diese Empfehlung.
- Sie bringen zum Ausdruck, dass Sie sich über weitere Empfehlungen sehr freuen würden, und fragen, ob Sie beim nächsten Termin auf das Thema Empfehlungen zurückkommen dürfen.
- Wenn ja, machen Sie das.
- Wenn nein, lassen Sie dieses Thema für einige Zeit auf sich beruhen. Später berichten Sie aber dann über die Zufriedenheit und Begeisterung, die Sie beim Empfohlenen durch Ihre Leistungen erzeugt haben, und starten Punkt 3 erneut.

Was ich an der Methodik von Roger Rankel besonders schätze, ist die Philosophie hinter dem System, die ideal zur Philosophie dieses Buches passt: Denn es setzt auf die absolute Zufriedenheit des Kunden. Stellen Sie bei allen zufriedenen Kunden aktiv die Empfehlungsfrage. Nur Mut – wenn Sie so vorgehen, verlieren Sie durch diese Frage keinen Kunden. Sie bekommen höchstens ein Nein. Aber in jedem Fall auch ganz oft ein Ja. Und diese positiven Reaktionen sind es wert, denn daraus entstehen neue Kunden und barer Umsatz.

Im Idealfall geht es beim Empfehlungsmarketing – also sowohl beim Tell-a-Story-Marketing als auch beim aktiven Empfehlungsmarketing – darum, einen viralen Effekt auszulösen: Je mehr begeisterte Kunden Sie empfehlen, desto mehr überschneiden sich Empfehlungen. Wenn viele Menschen von verschiedenen Seiten einen Anbieter oder ein Produkt empfohlen bekommen, entsteht eine Verstärkung und Beschleunigung, die ab einem bestimmten Punkt (Tipping Point) die Empfehlungshäufigkeit exponentiell steigen lässt.

Virales Marketing läuft also wie folgt ab:

- Sie generieren einen Virus, eine Kampagne, das heißt ein Angebot mit einer Story drumherum, die lustig, emotional, interessant, frech, einfach usw. ist und Kunden begeistert. Eine solche Kampagne steht und fällt mit der Qualität der Inhalte.

- Der Virus wird am Markt platziert: Sie gewinnen nicht nur Ihre Talker, also die empfehlende Fangemeinde, sondern auch weitere Meinungsführer und Multiplikatoren. Begleitet wird das durch Push-Marketing-Maßnahmen über die klassischen Medien, die Handlungsräume im Marketing etc.
- Die Virusinfektion beginnt am Markt zu greifen und verbreitet sich zum Beispiel über Tell-a-Story-Marketing, Empfehlungen und PR-Effekte.
- Die Epidemie bricht aus, die exponentielle Verbreitung setzt ein. Häufig entwickelt sich nun ein Eigenleben der Kampagne.

Beispiel

Für virales Marketing brauchen Sie eine hohe Anschubenergie. Ein schönes Beispiel ist Dove. Zu deren Kampagne gehörten folgende Elemente:

- Dove-Homepage mit Newsletter »Dove & ich«
- Viraler Videospot »Pro Age« auf YouTube mit 600 000 Views
- Initiative für wahre Schönheit & Dove-Aktion für mehr Selbstwertgefühl
- Viraler Videospot »Evolution« auf YouTube mit 9,4 Millionen Views
- Aktion: Dove-Evolution-Parodien
- Viraler Videospot »Daughters« auf YouTube mit 1,3 Millionen Views
- ProAge-Netzwerk inklusive Communityaufbau
- Weitere virale Videospots auf YouTube mit 0,4 Millionen Views
- Dove Line Extensions, klassische Werbung

Wenn Ihnen all das noch immer zu aufdringlich, zu wenig dezent oder sonst wie unangenehm ist, dann nehmen Sie in Ihrem Bierdeckel-Businessplan im Bereich Empfehlungsmarketing mindestens ein To-do auf: Schreiben Sie regelmäßig in folgende Grafik drei Ihrer Hauptkunden, mit denen Sie schon lange zusammenarbeiten und die sehr zufrieden sind.

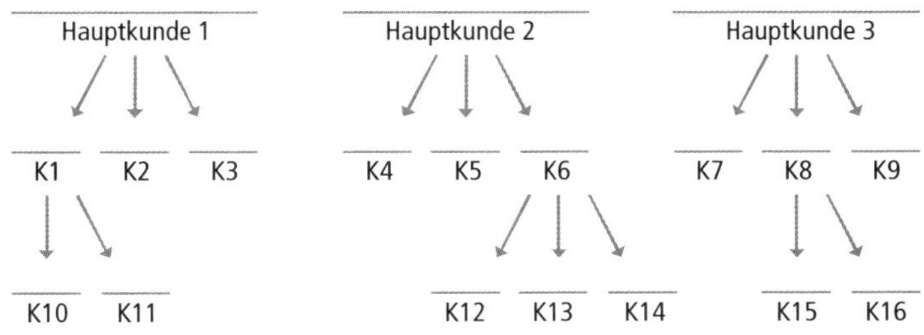

Begeistern Sie Ihre Kunden mit dem Ziel einer Kundenpipeline …

Fragen Sie diese Hauptkunden – ganz zwanglos, einfach bei einem gemeinsamen Essen oder nach einem gut gelaufenen Meeting, wenn diese absolut zufrieden sind –, ob sie denn jemanden kennen, den Sie ähnlich zufriedenstellen und bereichern könnten wie diese Stammkunden. Ich bin mir sicher, dass Sie von vielen Ihrer Hauptkunden mindestens eine, vielleicht auch zwei oder drei Empfehlungen erhalten. Diese neuen Kunden stellen Sie dann genauso zufrieden und machen das Gleiche: aktiv fragen! Und diese Kette visualisieren Sie wie in der Abbildung oben, damit Sie wissen, wer wann wen fragt. Wenn Sie das zusätzlich zu Ihrem Tell-a-Story-Marketing machen, ist das zwar noch nicht das ideale Empfehlungsmarketing schlechthin, aber meist schon viel mehr, als Ihre Wettbewerber tun.

Auch 4e-Empfehlungsmarketing sollten Sie übrigens messen. Sie sollten stets wissen, woher ein neuer Kunde kommt. Fragen Sie am Telefon oder per E-Mail, wie dieser auf Sie aufmerksam geworden ist. Analysieren Sie Ihre Website daraufhin, woher Besucher kommen, zählen Sie, wie oft der Empfehlungsknopf auf Ihrer Website gedrückt wurde, fragen Sie nach Feedback und integrieren Sie eine Frage zu Empfehlungen.

Empfehlungen sind der eleganteste und günstigste Weg, um neue Kunden zu gewinnen. Planen Sie diesen Handlungsraum in Ihrem House of Easy Marketing entsprechend groß.

7. Fazit: 4e-Maketing – einfach, einzigartig, emotional, effizient

Wie der schwedische Bestsellerautor Dr. Kjell A. Nordström erklärt hat, differenziert unser kapitalistisches System im Grunde nur nach einem Kriterium: Ist etwas effizient oder ineffizient? Ist Letzteres der Fall, wird es früher oder später aus dem System entfernt. Das gilt für die HIPO (highest paid person in the organization), für jeden Mitarbeiter, für ein Produkt, eine Dienstleistung, für das ganze Unternehmen – und natürlich auch für Ihre Marketingstrategie.

Wir alle stehen im Marketing vor Millionen von Möglichkeiten. Und gleichzeitig erscheinen diese einzelnen Projekte so aufwendig und mühsam. Doch alles wird einfach, wenn Sie Ihre Hausaufgaben machen und tolle Angebote mit tollem Service schaffen und diese attraktiv und kundengerecht darstellen. Das Fazit des Buches kennen Sie:

**Je besser Sie und Ihre Angebote sind,
desto einfacher ist Marketing.**

Um Ihr Marketing so effizient wie möglich zu gestalten, sollten Sie folgende Grundsätze berücksichtigen:

- Sorgen Sie für die richtige Unternehmereinstellung.
- Entwickeln Sie dabei ein einzigartiges, attraktives Produktsystem.
- Entwerfen Sie Ihre 4e-Marketingstrategie mit der ZIELPULS-Formel.
- Nutzen Sie die Handlungsräume des House of Easy Marketing und begeistern Sie Ihre Kunden auch emotional.

Nehmen Sie jetzt die ersten Punkte in Angriff. Marketing lebt auch davon, Prioritäten zu setzen. Auch ich wähle aus, ebenso alle anderen Marketingexperten, auch wir machen da und dort Kompromisse und Ausnahmen, auch bei uns ist nicht jeder Wunsch zu jeder Zeit umsetzbar, auch wir lassen uns regelmäßig von anderen Marketingexperten coachen, da wir selbst oft Scheuklappen aufhaben. Hauptsache ist, dass Sie die Grundlinie, das Grundprinzip nicht aus den Augen lassen: immer danach zu streben, exzellent zu sein.

Feiern Sie Ihre Fortschritte und Erfolge. Nehmen Sie immer mal wieder eine distanzierte Perspektive ein und blicken Sie von oben auf Ihr Unternehmen. Sie glauben gar nicht, wie viel Spaß es macht, immer wieder stolz auf sich zu sein, sich über eigene Entwicklungen zu wundern, über sich zu lachen und sich danach zu verbessern.

Marketing und Verkauf sind die wichtigsten und schönsten Aufgaben in der Wirtschaft, denn Sie sind so immer in Tuchfühlung mit dem Kunden und tun jeden Tag Menschen etwas Gutes. Das erfordert Training, Vorbereitung, Erfahrung und Geduld. Als Marketingexperte oder Verkäufer sind Sie Berater, Trainer, Coach, Mentor, Motivator, Ermittler, Tröster und bisweilen auch Held in einem. Genießen Sie jede Rolle. Sie sollten lieben, was Sie bieten, Menschen mögen und vor Hürden und Einwänden keine Angst haben. Sie sollten auch wissen, wann Sie welche Fragen stellen, zuhören und ruhig sein sollten. Marketing und Verkauf ist ein Prozess, keine Einmalshow von acht bis zehn. Und dieser Prozess liegt in der Hauptverantwortung der Geschäftsführung. Es wird mehr und mehr zur Kunst, Beziehungen zu pflegen: nicht zu einem »Kunden mit der Nummer K317«, sondern zu einem ganz bestimmten Menschen.

In seiner »Last Lecture« hat uns Randy Pausch, der todgeweihte Professor aus den USA, dazu aufgerufen, niemals klein beizugeben. Wir sollten uns an ihm ein Beispiel nehmen und nicht resignieren, auch wenn das ein oder andere Marketingprojekt mal misslingt. Das Nein eines Kunden ist ein Schritt näher am nächsten Ja. Seien Sie proaktiv, seien Sie anspruchsvoll: gegenüber anderen, aber auch gegenüber sich selbst.

Ja – Marketing ist einfach. Aber niemand hat behauptet, dass Marketing was für die Faulen ist. Marketing hat viel mit Ackern zu tun. Mit Versuchen, Erfolgen und Fehlversuchen, aus denen man lernt. Marketing bedeutet, täglich ein Stück attraktiver und besser zu werden.

Wer die richtige Marketingdenke aufgesogen hat, wird fast jede Entscheidung, die auf ihn zukommt, richtig treffen. Sie werden dann Ihr

Ziel erreichen, ausverkauft zu sein, was – wie beim Begriff »Vollbeschäftigung« – nicht heißt, dass Ihre Lager komplett leer oder Sie zu hundert Prozent ausgebucht sind. Da Sie schließlich auch Zeit für Unternehmeraufgaben, allem voran Strategie und Innovation, benötigen, sollten Sie bei einer Auslastung von etwa achtzig Prozent das Schild an die Tür hängen:

Ich wünsche Ihnen, dass Sie Ihren Unternehmermut, die Begeisterung für sich und Ihr Angebot und die Disziplin, durchzuhalten, aufbauen oder bewahren. Dann ist Unternehmer oder Manager zu sein die schönste Aufgabe und Berufung der Welt, denn Erfolg macht Spaß und zieht Erfolg an.

Starten Sie bitte spätestens jetzt damit, Ihre Vision zu entwickeln, lassen Sie in Ihrem Kopf einen Film entstehen: Wie soll Ihre Firma aussehen, wenn sie fertig ist? Kleckern Sie in Ihrem Bierdeckel-Businessplan, der Sie dorthin bringt, nicht. Klotzen Sie bei Ihrem Setting und den Marketingmaßnahmen, die Sie für Ihre 4e-Marketingstrategie ausgewählt haben. Sie dürfen bei Ihrem Bürosessel, bei der Miete Ihrer Räumlichkeiten, beim Firmenfahrzeug usw. sparen. Aber nicht in Ihrer Marketingstrategie. Denn Sie bekommen selten eine zweite Chance, einen exzellenten ersten Eindruck bei Interessenten zu hinterlassen. Sie sind der Regisseur Ihrer erfolgreichen Zukunft. Film ab.

Anhang

Basis-Checkliste für Eventmarketing mit dem Schwerpunkt der Organisation von Wissens- bzw. Speakerevents

Eine umfassende Checkliste, die bei jedem Event gültig ist, gibt es nicht. Die nachfolgende Checkliste bietet Ihnen die Möglichkeit, Ihr erstes oder nächstes Eventmarketing-Projekt so zu planen, dass die wichtigsten Punkte beleuchtet und bearbeitet werden:

A) Zielgruppe und Ziele, Messkriterien festlegen

Welche Ziele verfolgen Sie mit dem Event, vor allem welche Umsatzziele? Die wichtigsten Zielkategorien sind:

____

____

____

Beispiele von Kontakt-Zielen:

Welche Zielgruppen sind Adressaten für das Event und seine Ziele? Wer sind die Muss- und VIP-Vertreter dieser Zielgruppen (politisch, gesellschaftlich, verbandsbezogen ...)? Wie ist deren aktuelle Bedürfnislage in Hinblick auf Ihr Produkt/Angebot, was sind deren Entscheidungskriterien für die Eventteilnahme? Wo finden Sie diese Zielgruppen, wie groß ist dieser Markt, welche Einflussgrößen (Konkurrenten, Konkurrenzevents etc.) gibt es? Wie viele Personen dieser Zielgruppe sollen teilnehmen?

____

____

____

Beispiele primär nichtmonetärer Ziele:

Wie viele Gespräche zwischen Kunde/Teilnehmer und Verkäufer soll das Event vor Ort ermöglichen? Wie viele Personen außerhalb der Eventzielgruppe sollen etwas über das Event erfahren? Welche Wirkung soll das Event auf die Marke haben? Wie viele Veröffentlichungen in welchen Medien streben Sie an?

____

____

____

Beispiele monetäre Ziele:

Was ist das maximale Budget für das Event? Wie viel Stück von Produkt X sollen vor Ort und im Nachgang verkauft werden? Wie viel Umsatz und Deckungsbeitrag soll das Event kurz-, mittel- und langfristig bei den ausgewählten Angeboten generieren?

____

____

____

Welches konkrete Messkriterium können wir je Ziel festlegen?

____

____

____

B) Eventkonzept entwickeln

Welcher Bedarf ist notwendig, damit Ihre Angebote gern sofort gekauft werden? Welche Botschaften und (Meta-)Themen schaffen diesen Bedarf?

____

____

Welche aktuellen Trends, Meinungen und Entwicklungen sind zu berücksichtigen? Welche begeisternden Experten / Speaker stehen dafür? Wie müssen diese kombiniert werden, damit eine aufsteigende Bedarfsdramaturgie entsteht? Können Sie bekannte, prominente Experten integrieren, um den Prestigefaktor des Events zu heben? Welche Unterhaltung bzw. Künstler können gegebenenfalls ergänzend hinzukommen?

____

____

Welcher Moderator eignet sich ideal für dieses Veranstaltungskonzept?

____

____

Welche Story, welcher Titel, welches Eventmotto passt zu diesen Themen?

____

____

Welche »etwas andere« Location passt zu diesem Eventkonzept? Welches »etwas andere« Catering?

____

____

Welches Preis- und Konditionenmodell, welche Rabattmodelle (Gruppen, Frühbucher, Sofortzahler, Studenten usw.) passen zu diesem Event?

____

____

Welche Eventlänge und welcher Termin werden der Zielgruppe am besten gerecht (Ferien / Feiertage / Lokales / Brückentage / Messen / andere Großveranstaltungen / parallele ähnliche Veranstaltungen / interne Entscheiderkalender müssen berücksichtigt werden)?

____

____

Welche Aktionen mit Außenwirkung können integriert werden? Beispiele wären gemeinnützige Spenden, Awards, besondere News oder Stargäste.

____

____

Haben Sie im langfristigen Eventkonzept die zeitliche und konzeptionelle Eventwiederholung berücksichtigt, damit sich eine Fangemeinde bilden kann?

____

____

Prüfen Sie das Eventkonzept am Ende stets nach der SWOT-Analyse, also nach Stärken, Schwächen, Chancen und Risiken, und überarbeiten Sie es gegebenenfalls in einer Schleife.

C) Verkaufskonzept entwickeln

Welchen Nutzen bieten die über das Event zum Verkauf stehenden Angebote? Welche Formulierung bringt diesen auf den Punkt? Welches (eventbezogene) Preismodell passt für diesen Nutzen und diese Zielgruppe?

Welche Verkaufsimpulse am Point of Sale, während des Events, kommunizieren diesen Nutzen ideal an die Teilnehmer? Welchen Kontakt priorisieren Sie vor Ort: eher passiv über Broschüren etc. oder eher persönlich über Gespräche?

Welche vertrauensbildenden und begeisternden veranstalterspezifischen Maßnahmen unterstützen die Botschaften, die von der Bühne gesendet werden und weiteren Bedarf wecken?

D) Teilnehmer gewinnen

Welche Maßnahmen aus dem House of Easy Marketing kommunizieren Ihre Eventeinladung am einfachsten an die Zielgruppe?

- ❑ Netzwerkmarketing
- ❑ Kooperationsmarketing
- ❑ Eventmarketing
- ❑ Onlinemarketing, insbesondere Social Media
- ❑ Presse- und Öffentlichkeitsarbeit
- ❑ Direktmarketing: bei bestehenden Kunden und eventuell gekauften Adressen
- ❑ Empfehlungsmarketing über begeisterte Bestandskunden auslösen

E) Organisieren

- ❑ Sind die benötigten Dienstleistungen eingekauft, insbesondere Hotel- und Lieferantenverträge erstellt und verbindlich geschlossen? Achten Sie bei der Location bitte vor allem auf funktionierenden Service, (Licht-)Technik, Klimatechnik und gepflegte Ausstattung, bevorzugen Sie (verdunkelbare) Räume mit Tageslicht. Sind wichtige Zahlungs- und Stornofristen auf Wiedervorlage?
- ❑ Ist das Eventcatering gebucht und sind Probeessen vereinbart (mit Fotoprotokoll)?
- ❑ Sind die Speaker, die Künstler, der Moderator gebucht oder ist eine Event- bzw. Expertenagentur damit beauftragt?
- ❑ Sind alle expertenbezogenen Informationen zu Technik, Präsentationen und Handouts vorhanden? Sind die Keynote- bzw. PowerPointpräsentationen getestet und in Sicherheitskopie vorhanden?

- ❑ Sind alle notwendigen Druckwerke, Hilfsmittel, Utensilien usw. für die Veranstaltung in Auftrag gegeben bzw. funktionstüchtig bereit?
- ❑ Ist das Eventpersonal, sind Hostessen in ausreichender Anzahl und Qualität gebucht, ist das Eventpersonal in Bezug auf die Eventziele, Kommunikationstools etc. trainiert, sind die Verantwortlichkeiten klar geregelt und kommuniziert? Sind die übrige Belegschaft, die Partner und Lieferanten informiert?

F) Durchführen

- ❑ Erstellung des Regieplans (wer macht was wann mit wem und mit was wo?), inklusive Bestuhlungs- und Bereitstellungsplan für Räume und Bühnen für die Location
- ❑ Briefing Speaker: Ziele, Zielgruppe, Bedarfsdramaturgie, Botschaften
- ❑ Briefing Moderator: Ziele, Zielgruppe, Bedarfsdramaturgie, Botschaften
- ❑ Briefing Personal: Ziele, Zielgruppe, Botschaften, Orientierung
- ❑ Generalprobe der Ton-, Bild- und Lichttechnik, des WLAN, der Social-Media-Komponenten, bei Bedarf auch der Aufnahmetechnik von Vorträgen und Eventteilen
- ❑ Organisation von Begrüßungs- und Gastgeschenken für die Hotelzimmer der Gäste, zum Beispiel Begrüßungsschreiben oder Pralinen.
- ❑ Organisation des Check-in und Teilnehmer-Service-Points: Persönliche, zielführende Atmosphäre mit den »kleinen, passenden Überraschungen«, Aufstellwände mit »Herzlich willkommen«, Produktion von Eintrittskarten, Teilnehmer- und Unterschriftenlisten, Namensschilder (inkl. Blanko) und zugehörige Sortiertechnik, Packaging der Teilnehmer- und Partnertaschen mit Programmheft, Angebotsmaterialien, Gutscheine für gebuchte Leistungen, Blöcke, Stifte, Büromaterial, Notfallkoffer mit Büromaterial aller Art, Mehrfachstecker, Ladekabel, Batterien, Verlängerungskabel usw.

- ❑ Vorbereitung und Test von Veranstaltertechnik, insbesondere PC-Anbindung an die Kundendatenbank, Scanner für Barcodes
- ❑ Vorbereitung einer Kasse: Bereitstellung von Bargeld (Trinkgelder, Künstlergagen, Büchertische etc.), eventuell inklusive Safe im abschließbaren Veranstalterbüro
- ❑ Organisation von Orientierungsschildern, etwa in Form von Wegweisern, eventuell Organisation von roten Teppichen, Laufstegen, Tanzflächen …
- ❑ Produktion von Tischnamensschildern mit Menü- und Weinkarten, Planung und Visualisierung eventueller Sitzordnungen, Stuhlreservierungen etc., Reservierung von (VIP-)Parkplätzen, Prüfung der Parkplatzanzahl für Teilnehmer
- ❑ Organisation von Pausenmusik und -gong mit entsprechender Technik
- ❑ Organisation von Außenfahnen und Tischfahnen
- ❑ Kommunikationstechnik für das Eventteam bereitstellen und testen
- ❑ Buchung der logistischen Einheiten, insbesondere Transportfahrzeuge / Teamfahrzeuge und Logistik vor Ort
- ❑ Organisation von Fahrdiensten, Reservierung genügender Taxis oder Mietwägen, Anzeige von Bahn- und Flugplänen usw.
- ❑ Prüfung der Wettereinflüsse je nach Jahreszeit, Bereitstellung von Garderobe, Pavillons, Schirmen …
- ❑ Koordination und Planung eventueller Aussteller
- ❑ Vorbereitung der Geschenke und Blumen für Akteure des Events
- ❑ Eventuell Angebote für Kinder von Teilnehmern
- ❑ Vorbereitung und Aufstellen von Visitenkartenboxen für spezielle Angebote, Tombolas usw., Aufstellen eines Feedbackkastens
- ❑ Vorbereiten von Tischen für Zeitungen, Zeitschriften, Magazine, Broschüren
- ❑ Zielbeschreibung Organisation der Eventprotokollierung, insbesondere Organisation von Film- / Fotoaufnahmen bzw. entsprechenden Video- und Fotokameras

- ❑ Öffnen des Business-Bereichs im Hotel (Zugang zu PC, Fotokopierer etc.)
- ❑ Organisation von weiterführenden Materialien zu den Vorträgen, eventuell Büchertische.
- ❑ Organisation von Bühnengetränken und -gegenständen
- ❑ Koordination von besonderen Wünschen von Vegetariern, Allergikern, ausländischen Gäste usw.
- ❑ Organisation und Koordination der Verpflegung fürs Personal, gegebenenfalls mit Ersatzpersonal für diese Zeiten
- ❑ Organisation von Sicherheitspersonal, Personenschutz, gesetzlich vorgeschriebenem Personal. Sind Sanitäter (in jedem Fall Bereitstellen von Erste-Hilfe-Material), Ärzte, Techniker, Feuerwehr, Polizei, bestimmte Behörden usw. zu kontaktieren? Gibt es weitere rechtliche oder ethische Aspekte zu berücksichtigen?
- ❑ Abklären von notwendigen Gebühren, wie zum Beispiel Gema, Abschluss von notwendigen Versicherungen wie Veranstalterhaftpflicht und Ausfall, Prüfung von urheberrechtlichen Aspekten / Copyrights, Sperrstundenverlängerungen …
- ❑ Organisation / Koordination von Übersetzern / Dolmetschern und entsprechender Technik
- ❑ Organisation von exklusiven Pressebereichen mit Presseakkreditierung und Pressemappen, insbesondere bei Pressekonferenzen
- ❑ Konzeption und Bereitstellen von Feedbackbögen bzw. -tools mit der Aufforderung zur Empfehlungsabgabe
- ❑ Organisation von Post-Event-Aktionen wie Give-aways, Signiermöglichkeiten der Experten, gegebenenfalls dezenten Verkaufsimpulsen und den »kleinen, feinen, zur Hauptbotschaft des Events passenden Überraschungen« als Abschluss des Events, die Anlass geben, mit dem Veranstalter nach dem Event wieder in Kontakt zu treten …

G) Nachfassaktionen

- ❑ Inbound-Call-Konzept für Teilnehmer, die sich nach der Veranstaltung melden
- ❑ Outbound-Call-Konzept für das zielgerichtete Nachfassen der Veranstaltung mit dem Ziel, (weitere) Verkaufsimpulse zu setzen
- ❑ Erstellung und Kommunikation des Rückblicks offline, online und über Presse- und Öffentlichkeitsarbeit
- ❑ Dank und Anerkennung an alle Akteure und Lieferanten des Events

H) Analyse und Konzeptreform

- ❑ Soll-Ist-Vergleich der Zielerreichung anhand der Messkriterien
- ❑ Qualitätssicherungsanalyse
- ❑ Dokumentation der Veranstaltung mit Erfahrungsbericht und Maßnahmenplanung für die nächste Veranstaltung

Sie finden auf **www.experts4events.com/ausverkauft** erweiterte Checklisten, Kommentierungen und Erläuterungen zu Checklistenpunkten, insbesondere auch zu Besonderheiten spezieller Eventformate. Diese Online-Checklisten werden regelmäßig aktualisiert.

Folgende Maßnahmen vereinbare ich verbindlich mit mir:

Nr.:	Maßnahme:	Wer:	Beginnt am:	Erledigt bis:

Folgende Maßnahmen vereinbare ich verbindlich mit mir:

Nr.:	Maßnahme:	Wer:	Beginnt am:	Erledigt bis:

Literaturempfehlungen

Cockerell, Lee: Creating Magic. 10 Common Sense Leader Strategies from a Life at Disney, New York 2008.

Collins, Jim: Der Weg zu den Besten. Die sieben Management-Prinzipien für dauerhaften Unternehmenserfolg, München 2002.

Covey, Stephen M.R. / Merrill, Rebecca R.: Schnelligkeit durch Vertrauen. Die unterschätzte ökonomische Macht, Offenbach 2009.

Ehlers, Ingrid Ute / Blumenschein, Annette: Ideen-Management. Wege zur strukturierten Kreativität, München 2002.

Enkelmann, Nikolaus B.: Die Säulen des Erfolgs. Wie man aus sich und seinem Leben das Beste macht, Offenbach 2011.

Förster, Anja / Kreuz, Peter: Alles, außer gewöhnlich. Provokative Ideen für Manager, Märkte, Mitarbeiter, Berlin 2007.

Förster, Anja / Kreuz, Peter: Different Thinking. So erschließen Sie Marktchancen mit coolen Produktideen und überraschenden Leistungsangeboten, Frankfurt a. M. 2005

Friedrich, Kerstin / Malik, Fredmund / Seiwert, Lothar: Das große 1 x 1 der Erfolgsstrategie. EKS – Erfolg durch Spezialisierung, Offenbach 2009.

Geffroy, Edgar: Das Einzige, was stört, ist der Kunde. Clienting ersetzt Marketing, München 2005.

Gerber, Michael: The E-Myth Revisited. Why Most Small Businesses Don't Work and What to Do About It, New York 1995.

Häusel, Hans-Georg: Think Limbic. Die Macht des Unbewussten verstehen und nutzen für Motivation, Marketing, Management, Planegg / München 2010.

Kobjoll, Klaus: Tune. Neue Wege zur Kundengewinnung und -bindung, Zürich 2004.

Kotler, Philip: FAQ's zum Marketing, München 2005.

Lowenstein, Roger: Buffett. Die Geschichte eines amerikanischen Kapitalisten, Kulmbach 2009.

Martin, Leo: Ich krieg dich. Menschen für sich gewinnen, München 2011.

Mikunda, Christian: Warum wir uns Gefühle kaufen. Die 7 Hochgefühle und wie man sie weckt, Berlin 2009.

Murray, Chris: The Marketing Gurus. Lessons from the Best Marketing Books of All Time, New York 2006.

Ridderstråle, Jonas / Nordström, Kjell A.: Funky Business Forever. Mehr Spaß am Kapitalismus, München 2008.
Peters, Tom: Re-Imagine. Spitzenleistungen in chaotischen Zeiten, Offenbach 2007.
Rankel, Roger / Neisen, Marcus: Endlich Empfehlungen. Der einfachste Weg, neue Kunden zu gewinnen, Offenbach 2008.
Rosen, Emanuel: The Anatomy of Buzz Revisited. Real-life Lessons in Word-of Mouth Marketing, New York 2009.
Scherer, Hermann: Jenseits vom Mittelmaß. Unternehmenserfolg im Verdrängungswettbewerb, Offenbach 2009.
Seiwert, Lothar J.: Wenn Du es eilig hast, gehe langsam. Mehr Zeit in einer beschleunigten Welt, Frankfurt a. M. 2005.
Simon, Hermann: Die heimlichen Gewinner. Die Erfolgsstrategien unbekannter Weltmarktführer, Frankfurt a. M. 1996.
Trout, Jack: Differentiate or Die. Survival in Our Era of Killer Competition, Hoboken / New Jersey 2008.

Register

4e-Marketingstrategie 10, 102–194

A
ABC-Analyse 179
Abercrombie & Fitch 31
Adair, Paul 117
Adressbroker 140
Affiliate-Marketing 142
Aktives Empfehlungsmarketing 187–189
Albrecht, Theo 79
Angebot formulieren 78
Ansehen 39
Audi 71, 112
Audios 166
Auerhahn-Phase 62
Aufmerksamkeit 62

B
Begeisterung 44, 178
Benchmarking 108
Bestseller 37, 38
Bierdeckel-Businessplan 102–105, 108, 121, 125
Bionade 54, 55
Birkenbihl, Vera F. 11, 12, 57
Blogs 166
BMW 71
Branchenkenntnis 19
Branson, Richard 44
Broschüren 84, 134
Buffett, Warren 18–23
Buzz 185

C
Claims 40
Community 165
Customizing 108

D
Delegieren 20
Design 24
Dienstleistungen 16, 17, 28, 39, 108, 114
Direktmarketing 174–176
Discounterstrategie 55
Disney-Konzern 37, 46–52
Disney-Seminar 118, 139, 140
Disney, Walt 46–50
Disziplin 20
Dove 190
Drucker, Peter 59
Druck-Werbemittel 84

E
EKS-Prinzip 21
Elevator Pitch 77, 78
Emotional Selling 60–69, 72
Emotionen 26, 30, 61, 64–67, 82
Empfehlungen 96, 98, 131, 137–139
Empfehlungsmarketing 183–191
Endkunden 131
Eventformat 146
Eventlocation 156
Eventmarketing 143–158
Eventziele 147, 149

Expertenevents 146–149, 151, 154
Expertenpositionierung 173

F
Facebook 159
Fehlertoleranz 50
Fielmann 55
Firmennamen 40
Flexibilität 21
Flyer 84
Folgenutzen 25
Führungskräfte 51, 52

G
Gage, Randy 24, 88, 113, 142
Gates, Bill 18, 185
Gerber, Michael E. 119
Gesprächsthemen 76
Gitomer, Jeffrey 134
Give-aways 86, 87, 89, 134
Glaubwürdigkeit 39
Google 159
Grün, Anselm 22

H
Hahnemann, Samuel 35
Headlines 93
HerzogsPark 69
Homöopathie 35
Hotlines 73
House of Easy Marketing 127, 128

I
Idealer Kunde 33, 61, 77, 116
Iger, Bob 50
Informationen 20
Innovationen 45, 46, 50–53, 56–59
Inszenierung 44, 82, 83
Internet 99, 100, 160–166, 168, 169, 171, 186
Investitionsbereitschaft 19
Investitionsplanung 107, 108, 123
Iwerks, Ub 47

K
Kaufanreize 146, 150
Kaufgründe 32
Key-Visual 41, 86
Kognitive Dissonanz 27
Köhler, Hans-Uwe L. 61
Konsequenz 20
Konzentration 21
Kooperationen 136–143, 151
Kreativität 45, 50, 51
Kruse, Peter 171
Kunden-Beziehungs-Management 177–183, 187
Kundengewinnung 125–127
Kundenkommunikation 73–93
Kundennutzen 25, 33, 36, 91
Kundenperspektive 25
Kundenservice 73, 178, 182
Kurzpräsentation 77, 78

L
Landing-Pages 167, 168
Lauda Air 28
Lebensplanung 120
Leipold, Dieter 54
Lernen 20
LinkedIn 136
Logos 41
Löhr, Jörg 76

LoveSelling-Konzept 61
Löwen-Phase 62
Lufthansa 28
Lustkauf 32

M
Magalogue 88, 89
Mailings 175, 176
Marken 37–39, 41, 42, 80, 83, 141
Massenkommunikation 94
Massenmarketing 96
MBA-Modell 77–79
Mehrwert 78
Mercedes 72
Messen 132
Mewes, Wolfgang 21
Mitarbeiter 50, 67, 68
Molcho, Samy 12, 13
Multiplikation 20
Multiplikatoren 96–99, 185

N
Nachfrage 114
Nachtigall-Phase 62
Netzwerkarten 131, 132
Netzwerkmarketing 129–136, 171
Nordström, Kjell A. 192
Nutzen 25, 29, 85, 117
Nutzenversprechen 25, 42, 78

O
Oliver, Jamie 182
One-to-one-Marketing 94, 95
Onlinemarketing 85, 86, 100, 101, 159–171

P
Passivprodukte 113, 142, 152
Pausch, Randy 126
Personen-Marken 80
Persönliche Kontakte 94, 95
Pfau-Phase 61
PLATINUM-Regeln 82, 83
Plattformen 167, 168
Point of Sale 158
Positionierung 115–119
Preisbestimmung 114, 117
Presse-Beziehungs-Management 171–173
Prestige 30, 141
Primärnutzen 25
Produktdefinition 109
Produktlinien-Matrix 111
Produktsystem 108–110
Profile 167
Puma-Phase 61

R
Rankel, Roger 187–189
Reputationsmanagement 39, 40, 43
Risikobereitschaft 19
Rosen, Emanuel 185
Ross, Bob 113
Rossié, Michael 67

S
Schäfer, Bodo 121
Schmetterlings-Phase 63
Schmidt, Helmut 28
Seiwert, Lothar J. 122
Selbstdarstellung 79–83
Serviceorientierung 73
Social Media 163, 166
Sog-Marketing 75

Speakerevents 146, 148, 151, 152, 154
Sprache 24, 89–92
Stackelberg, Bettina 59
Storch-Phase 63
Suchmaschinen 166–168
SWOT-Analyse 107
Szeliga, Roman F. 134

T
Teambuilding 108
Tell-a-Story-Marketing 184–186, 189, 191
Texte 85, 92, 93, 163
Topseller 37, 38, 43
Trout, Jack 31

U
Unternehmenskooperation 139
Unternehmerdenke 18, 19, 22
Unternehmergeist 18, 19, 119, 120

V
Verkaufsgespräch 91
Verlinkungen 167
Verrückt sein 31
Vertrauen 28–30, 110
Videos 166
Virales Marketing 189, 190
Virgin 44
Vitale, Joe 185
V-Kommunikation 29
V-Momente 29
Vorgehenskompetenz 109
V-Produkte 29

W
Walt-Disney-Prinzip 46–50
Warren-Buffett-Prinzip 19–23
Watson, Tom 106
Website 85, 86, 163–168
Werbemittel 84–89
Werte 39, 43
Wildemann, Horst 142
Wissen 21
Wissensevent 146, 147
Woolworth 71
Work-Life-Balance 121

X
Xing 136

Z
Ziele 106, 107
Zielgruppe 125, 138
ZIELPULS-Formel 104–124

Über den Autor

Siegfried Haider, Geschäftsführer von experts-4events, ist anerkannter Experte für professionelle Selbstvermarktung und einfache Kundengewinnung bzw. Kundenbindung, insbesondere über Eventmarketing.

Seine Konzepte und Methoden sind einfach und praxiserprobt. Seine Devise: Zielorientierte Planung ermöglicht professionelle Umsetzung und begeisternde Ergebnisse. Großartige Ergebnisse erfordern nicht unbedingt hohe Investitionen, sondern gute Ideen. Anregungen für Innovationen holt sich Siegfried Haider aus aller Welt. Er begeistert durch wertvolle Inhalte, die er humorvoll und klar präsentiert.

Der studierte Wirtschaftsinformatiker und Hochschulfachökonom für das Personalwesen hat in den letzten zehn Jahren mit zahlreichen Weiterbildungsorganisationen, namhaften Topexperten sowie mit Marktführern der Weiterbildungs- und Eventbranche in aller Welt erfolgreich zusammengearbeitet. Zu seinen Kunden zählen Dax-Unternehmen genauso wie bekannte Expertenpersönlichkeiten.

Siegfried Haider ist ehrenamtlich Handelsrichter am Landgericht München II, Dozent sowie Diplom-/Bachelor-Prüfer für Allgemeine und Spezielle Betriebswirtschaftslehre an der University for Corporate Education in Stuttgart und außerdem Dozent an der Steinbeis-Hochschule Berlin für das Steinbeis-Transferzentrum (STI) „Professional Speaker GSA (SHB)“ im Rahmen der University der German Speakers Association.

Darüber hinaus ist er Initiator und Betreiber der Qualitäts- und Bewertungsplattform www.trainer-ranking.com: Trainer suchen, bewerten und buchen.

Mit seiner Frau Claudia und seinen beiden Töchtern Sophia und Anja lebt Siegfried Haider in Eichenau bei München.

Siegfried Haider
Geschäftsführer experts4events
Eine Marke der HTMS GmbH

experts4events
meet your clients

Initiator, Gründer und Ehrenpräsident der German Speakers Association e.V.

GSA
German Speakers Association
Germany Austria Switzerland

Initiator und Betreiber der Plattform www.trainer-ranking.com

TRAINER RANKING.COM